下水道はじめの一歩

明日の日本を支える人々に贈る

『下水道はじめの一歩』目次

Step0／下水道の世界へようこそ……1
Step1／下水道をつくってみよう……7
さあ、あなたの出番です　8
Step2／下水道を知る……15
下水道の役割と仕組み　16
法律を読んでみましょう　16
下水道の歴史　－世界編－　22
「花の都」の裏側は……　22
下水道の歴史　－日本編－　28
今なお現役「神田下水」　28

下水道の役割の変遷～下水道法を中心に～　34
始まりは「生命を衛《まもる》」ため　34
激動の昭和が遺したもの　39
疑わしきには先手を打て　45
変遷から見える先人の思い　51
コーヒーブレイク　実は楽しいトイレマークの収集……56
下水道の種類　60
そもそも公共下水道って？　60
流域下水道に歴史あり　68
普及状況　76
990万人が待っている　76
つくって終わりじゃ困ります　83

Step 3／下水を集める・流す……89
合流式・分流式　90
合流、分流どちらが最適？　90
合流改善はなぜ必要？　96
管路の仕組み　102
ウンチの旅の始まりです　102
下水道は一日にして成らず　107
Step 4／下水をきれいにする……117
処理場の仕組み（汚水処理）118
汚れをとるのも一苦労……118
100年の時を超えて　124
過ぎたるは猶及ばざるが如し　131
もったいない、もったいない　137

処理場の仕組み（汚泥処理） 142
〝きたない〟なんて言わないで 142
夢を見たっていいじゃない 148
一味違うぞ！汚泥肥料 152

Step 5 ／ 下水道とお金 …… 157
概要編 158
詳細編 ～下水道事業の財源構成～ 162
何をするにもお金が必要 162
詳細編 ～建設改良費と管理運営費～ 168
交付要件は実にさまざま 168

Step ∞ ／ おわりに …… 179
はじめの一歩を踏み出そう！ 180
さあ、これからが本番です 180

下水道の世界へようこそ

Step.0

はじめに

「下水道」とは何か。皆さんがあまり良いイメージを持たない言葉かもしれません。ですが、これほど大事なインフラ（産業や社会生活の基盤となる施設）はありません。下水道は、国民の生命と財産を守り、生活環境を快適なものとし、そして、海や河川、湖沼などの水環境を清澄に保つために欠かせない社会資本です。

下水道が整備されたおかげで、河川の汚染により一時期中止されていた隅田川の花火大会も復活し、札幌の豊平川にはサケ、東京の多摩川にはアユが戻ってきました。

日本の下水道普及率は、人口比で約80％となり、生活環境は画期的に快適になりました。私は昭和31年生まれですが、当時の普及率は６％と微々たるもので、汲み取り式の便所を経験しています。

社会人になって初めて下水道事業に携わる方々はおそらく20～25歳前後でしょう。下水道の普及率が50％を超えたのは、平成６年ですから、ほとんどの方にとってトイレは水洗トイレが当たり前で、家の周辺には異臭を放つドブ川などもなく、また、蚊やハエに悩まされる経験もなかったことでしょう。ハエ取り紙に無数に張り付くハエなどは見たこともないでしようし、夏の就寝時には、蚊に睡眠を邪魔されないように「蚊帳（かや）」と呼ばれる網を布団の周りに張って、その中で寝ていたなど想像もできないでしょう。

さて、下水道の歴史は古く、世界で初めて下水道が築造されたのは紀元前５０００年頃のメソポタミアですが、そもそも近代下水道はどのような出来事をきっかけに整備されることになったのかご存じでしょうか。その最大の出来事は、疫病の流行なのです。

令和３年現在、わが国をはじめとする全世界で、新型コロナウイルス感染症が猛威を奮い、パンデミックが発生、多くの命を奪っていますが、過去にもペストをはじめ、コレラや赤痢などの伝染病で多くの命が奪われてきました。日本も例外ではなく、江戸時代や明治時代にはコレラや赤痢などの伝染病により、多くの国民の命が失われました。

伝染病から国民を救うためには生活環境を清潔に保つことが大事だと分かり、パリが初めて伝染病対策としての下水道整備を行いました。１３７０年のことでした。

日本では、江戸時代の安政５（１８５８）年にコレラが大流行しました。米国艦船のミシシッピ号が、中国から下田に向かう途中、長崎に寄港した際に日本にコレラを持ち込んだからです。コレラは長崎市中に蔓延し、大阪、京都を経て江戸（当時の人口約１００万人）においても大流行しました。その後、約３年にわたり全国で猛威を振るい、諸説ありますが、江戸の死者数は28万人に上ったともいわれています。

明治時代になっても、コレラや赤痢、腸チフスの流行により、明治10～35年の16年間に約

86万人の死者（罹患者は約254万人）が出ています。このような状況を受けて明治政府は、明治33年に下水道法を制定し下水道の整備を本格的に開始したのです。

ところで、このような下水道が整備されたきっかけは知っていても、下水道のおかげで街が浸水から守られていることは、ほとんどの方がご存じないのではないでしょうか。

私は徳島県出身なのですが、子どもの頃は台風が襲来するとよく家の周辺が浸水していました。周りが池のようになるのが面白くて、たらいを浮かべて遊んでいたものです。当時のトイレは汲み取り式でしたから、たぶん溜めていたし尿が浸水で流れ出し、遊んでいた水に混じっていたに違いないのですが……。

このように、子ども心に台風が四国に上陸すると聞くと不謹慎ながらワクワクしたものです。しかし、私が小学校に入学した頃でしょうか、不思議なことに台風が来ても全くといっていいほど浸水しなくなりました。

当時は、なぜ浸水が発生しなくなったのか不思議でしたが、大学で衛生工学を学んだことにより、「ああ、あの浸水が無くなったのは徳島市で下水道が整備されたおかげなのか！」と初めて分かりました。

このように、下水道は、河川や海などの水環境を保全するだけでなく、知らず知らずのうちに、私たちの生活の奥深くに入り込み、疫病や大雨による浸水などから私たちの生命と財産を守ってくれています。

そして、今まさに下水道事業に求められていることは、先人たちによって整備された下水道を適切に稼働させ、その役割をしっかりと果たしていくことです。そのためには、下水道システムを管理・運営することができる人材の育成と確保が必要です。

本書は、初めて下水道事業に携わる方たちに、まず知っていただきたい知識を、興味を持って学べるように分かりやすく解説を試みるものです。初歩の初歩、まさしく「はじめの一歩」になっています。

ぜひ最後までお読みいただき、何よりも重要で、奥深く、そして、魅力的な下水道事業を担う人となり、世の中のためになる誇り高い仕事に携わっていただきたいと願っています。

さあ、「下水道」に向けて、はじめの一歩を踏み出しましょう。

下水道をつくってみよう

Step.1

さあ、あなたの出番です

さて、いきなりですが、下水道をつくる立場になって下水道について考えてみましょう。あなたの住む水清市《スイスイ》には、まだ下水道が整備されていません。そのせいかトイレは汲み取り式で、使うたびに悪臭がします。

街を流れる小川は、夏場になると悪臭を放つドブ川となって非常に不快で、蚊やハエにも悩まされていて、とても快適な生活環境とはいえません。最近は、近くの川で捕れるアユも、なんだか泥臭くなり味が落ちてきました。川底を調べてみるとぬるぬるして、水も汚れてきているような気がします。

これらは、どうやら各家庭から流されている排水が原因のようです。台所や風呂からの排水は、各家庭の敷地内にある溝を通って、近くの小川に流れ込んでいます。これはどうにかしなければなりません。そこで市長は、市民の生活環境を水清市の名にふさわしい環境に改善すべく、「下水道」の整備に着手することを決断しました。

市役所には新たに下水道課が設置され、あなたは下水道課の担当として配属されました。

さあ、あなたの出番です。

さて、担当者になったものの、何から手を付ければいいのでしょうか？

まずは、下水道の整備計画をつくらなければなりませんね。検討しなければならないことは山ほどありそうで、頭の中は疑問でいっぱいです。ひとまず、思い付くことから挙げてみましょう。

・そもそも「下水道」とはどのようなもの？

・下水道とは、「下水」を集めて、処理をする施設なのだろうけれども、そもそも集めるべき「下水」ってなんだろう？たぶん、各家庭から出てくる排水のことだろうけれども、そのほかにも店やホテル、会社や工場もあるし、一体「どこ」から出てくる「何」を「どのように」集めればいいのだろうか？

・下水を集めるには、パイプを使うと思うけれど、そのパイプの「太さ」や「長さ」はどのように決めればいいのだろうか？

・集めた下水は、「どのように」して、「どの程度」まできれいにして、「どこ」に流せばいいのだろうか？それを考えるには、集めて流す下水の「量」も分からなければならないし、その量はどのようにして求めればいいのだろうか？

疑問や課題は次々に浮かんできますね。ここで次から次へと思い浮かぶ疑問を整理して、検討すべき主な項目を挙げてみましょう。

まずは、計画をつくる上での基本的な事項を決めなければなりません。

＊いつまでに下水道を完成させるか（計画目標年次）

＊市内のどの範囲の下水を集めるのか（計画区域）

＊何人分の下水を集めるのか（計画人口）

特に、計画人口は、将来の人口を予測しなければならず、増加するにしても減少するにしても予想はなかなか厄介そうです。

次に、

＊集めるべき下水の量（計画汚水量）

＊集めて処理すべき汚れの量と質（計画汚濁負荷量および計画流入水質）

＊処理して川や海などに流す水の質（計画放流水質）

を決めます。

集めるべき下水の量を計算するのも、ひと苦労です。例えば、各家庭から1日にどの程度の下水が排出されるのか推定しなければなりません。

さらに、下水は家庭だけではなく店やホテル、企業、工場などからも出てきます。また、東京23区のように近隣県から多くの人が通勤・通学し、昼の人口が増える地域では、昼間の人口を対象にして下水の量を求める必要があります。京都のような世界的な観光地ならば、観光客による下水の量も計算しなければなりません。

その上で、パイプ（「管渠《きょ》」と呼びます）や処理施設の大きさを考えなければ、下水が集められずに溢れてしまいます。それぞれの都市や地域の特性を把握して集めるべき下水の量を求めることになります。

読者の皆さん、少し頭が疲れてきたでしょうから、ここでちょっとひと休みしましょう。皆さん、今日ウンチはしましたか?そのウンチを思い浮かべてみましょう。その量はどれくらいか見当がつきますか?

人が1日にするウンチの量は150～250g、オシッコの量は1000～2000mlです。さて、日本中で1日にどれくらいの量のウンチが排出されていると思いますか?

日本で毎日発生するウンチを1カ所に集めると、約2カ月で東京ドームがいっぱいになります。また、世界中で発生する1日の総ウンチを、某有名テーマパークに敷き詰めたら約3cmの厚さで全て埋め尽くされてしまいます。想像するとすごい光景ですね。少しは頭が休まりましたか?

では、話を戻しますね。

次に考えなければならないのは、集めた下水を処理する施設（下水処理場）の計画です。次の事項を決めなくてはなりません。

＊処理場の場所

＊処理場まで下水を運ぶ管渠の配置、大きさ、長さ

＊処理場の処理方式と処理装置の機種や大きさ

ここでも検討することは山ほどあります。なかなか一筋縄ではいきませんね。このような事項を検討し、具体的に整備するには多くの知識が必要になります。

建物の建設には土木・建築の知識が、設備の整備には機械・電気の知識が必要です。下水を集める管渠を設計するには水理学、下水を処理するには物理学、化学、生物学の知識が必要です。処理の程度を知るには、水質工学も必要になります。

また、下水道施設が完成した後は、施設を稼働させることになりますが、それにはもちろん費用がかかります。つまり下水道事業を経営していかなければならないので、経営のセンスも必要になるのです。既にほぼ整備が進んだ下水道施設においては、これからは管理の時代になりますから、経営の視点は、とても重要になってきます。

いかがですか。下水道に興味を持っていただけたでしょうか。「何のこと？」と疑問もたくさん湧いてきたでしょう。

皆さんの頭の中に湧いてきた「**?**」を、この本を読み終える頃には「**!**」にできるように、下水道の「そもそも」から、分かりやすく解説をしたいと思います。専門的な知識は必要ありませんからご安心を！

下水道を知る

Step.2

下水道の役割と仕組み

法律を読んでみましょう

◆そもそも「下水」、「下水道」って何？

下水道をつくるには、そもそも「下水」とは何かを知る必要がありますね。

「下水」というと皆さんが思い浮かべるのは、おそらく家庭や学校、ビルや工場などから排出される廃水（「汚水」と呼びます）だと思いますが、実は雨（「雨水《うすい》」と呼びます）も「下水」です。そして、この「下水」を集めて流し、処理する施設が「下水道」なのです。

下水道の整備は、「下水道法」という法律に基づき実施されていて、「下水」や「下水道」は、この法律で定義されています。これから下水道事業に携わる人は、こ

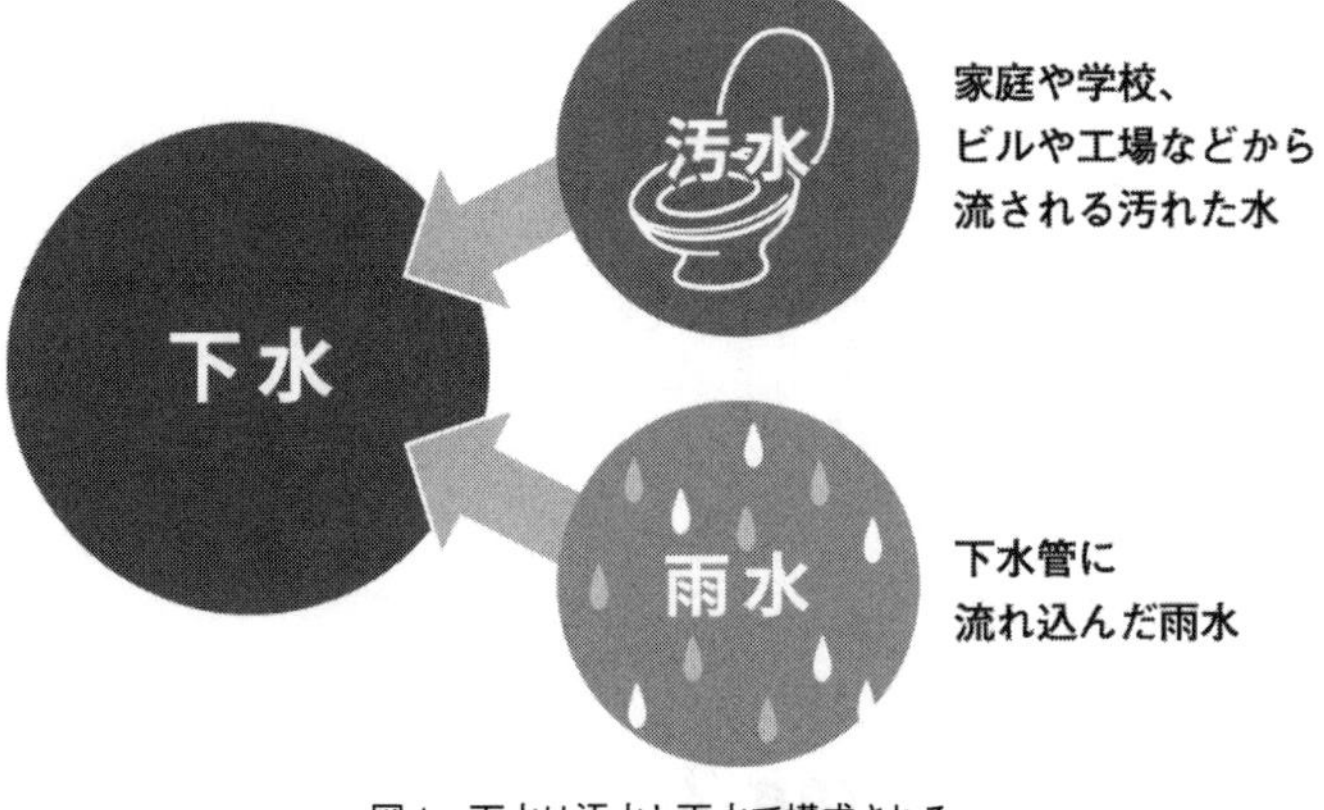

図１　下水は汚水と雨水で構成される

の下水道法を理解しなければなりません。

法律を読んで、理解するとなると頭が痛くなりそうですが、とりあえず下水道法で「下水」や「下水道」がどのように定義されているか条文を見てみることにしましょう。そして、少しだけですが、下水道法の雰囲気を味わってみましょう。

まずは、「下水」の定義です。

下水道法では、「生活若《も》しくは事業（耕作の事業を除く。）に起因し、若しくは付随する廃水（以下「汚水」という。）又は雨水をいう。」と定義されています（下水道法第二条一号）。なんだか小難しく書かれていますが、簡単に言うと、「人が生活・活動するところから出てくる全ての不要な水と雨水が下水なのだ」ということです。これなら難しくないですよね。

なぜこのように、わざわざ難しく記述しているのかといえば、法律とは読む人が誰であっても、記述された内容の意味するところを誤解のないよう、正確かつ厳密に正しく伝えなければならないものだからです。

次に、「下水道」の定義は次のように書かれています。

「下水を排除するために設けられる排水管、排水渠《きょ》その他の排水施設（かんがい排水施設を除く。）、これに接続して下水を処理するために設けられる処理施設（し尿浄化槽を除く。）又はこれらの施設を補完するために設けられるポンプ施設、貯留施設その他の施設の総体をいう。」（下水道法第二条第二号）。

ここでも法律を読む人の解釈に違いが生じないように事細かく記述されています。ですが、これも簡単に言えば、「下水道とは、下水を集めて流すための管とそれを処理するための施設、その他必要となるポンプ場などの施設全体のことをいいます」と言っているだけなのです。

法律を読み解くのは、パズルを解いているようで頭の体操になって楽しいものです。特に、私のような理屈・屁理屈好きの人間にとってはもってこいです。

◆下水道をつくるのは何のため?その「目的」は?

下水道整備の目的は、時代を追うごとに変わってきています。

最初の下水道法は明治33（1900）年に制定されましたが、当時の目的は「土地の清潔を保持するため」でした。つまり、生活している周辺の土地を清潔に保つために汚水や雨水を速やかに排除し、衛生状態を良くすることでコレラや赤痢などの感染症にかからないようにするという役割を担っていました。

その後、時代の要請を受けて昭和33年に新たな下水道法が制定されました。昭和45年には大改正がなされ、今日の下水道整備の目的が定められました。なお、下水道整備の目的の歴史的な変遷については、後ほど詳しく紹介します。

図２　下水道の四つの役割　（公社）日本下水道協会 HP より

さて、現行の下水道法第一条には、下水道を整備する目的が、次のように書かれています。

「下水道の整備を図り、もつて都市の健全な発達及び公衆衛生の向上に寄与し、あわせて公共用水域の水質の保全に資することを目的とする。」

これも堅苦しい表現になっていますが、分かりやすく言い直してみると、下水道整備の目的、つまり、下水道の役割は次の四つになります。

一つ目は、「住まいの環境を快適にする」ことです。

最も望まれたことは、トイレの水洗化です。水洗トイレは文化のバロメーターといわれ、トイレが水洗でないために、孫が遊びに来ないといわれていた時代もあったほどです。

二つ目は、「街を清潔にする」ことです。

雨水や汚水を身の回りから排除することでジメジメした土地をカラッとさせ、蚊やハエの発生を防ぎ、ドブなどの悪臭の源をなくすことができます。街の衛生状態を良好に保つことで、感染症からも国民を守ってくれるのです。

三つ目は、「街を浸水から守る」ことです。

雨水が街中に溜まり、水浸しになってしまわないように、雨水を素早く河川などに流し、大雨による浸水から私たちの命と財産を守ってくれます。

四つ目は、「河川や海、湖沼の水環境をきれいにし、保全する」ことです。

最近は、河川や海もきれいになりましたが、下水道整備が進むまでは随分と汚れていました。家庭や工場からの排水が処理されることなく河川や海に流されていたために、河川からは悪臭、海では赤潮が発生し、大量の魚が死んで水面に浮かび上がっていました。今はきれいな隅田川も、かつては悪臭で近寄ることができず、汽車が隅田川を通過するときには乗客が一斉に窓を閉めていたそうです。あの隅田川が、です。信じられますか？

最近の小学生に河川がきれいになった理由を尋ねると、「川のゴミ拾いなど清掃をするから」という答えが多く返ってくるそうです。しかし、このように河川がきれいになったのは下水道のおかげなのです。これは多くの方に知ってもらいたいことですし、下水道事業に携わっている人達が、世の中の人々にしっかり伝えていかなければならないことです。

これらの四つの役割を担い、下水道は一時も休まず３６５日24時間働いているのです。

下水道の歴史 ー世界編ー

「花の都」の裏側は……

ここで、世界と日本の下水道の歴史を概観してみましょう。初めに、世界編です。

◆メソポタミア・インダス、古代ローマ：下水道の始まり

世界で初めて下水道がつくられたのは、いつなのかご存じですか？

世界最古の下水道は、紀元前５０００年頃、メソポタミア文明が栄えたウル（『旧約聖書』に登場するアブラハムの故郷とされる）、バビロンなどの都市でつくられたとされています。

紀元前２０００年頃には、インダス文明の中心都市であるモヘンジョ・ダロをはじめ、複数の都市で下水道がつくられました。モヘンジョ・ダロでは、道路沿いにレンガでつくられた下水溝があり、各家屋からレンガ製や陶製の管が下水溝に接続されていました。汚水は下水溝に流れ、途中何カ所かに設けられた「汚水溜り」で汚物を沈殿させ、上澄水を地中に染み込ませて処理していました。

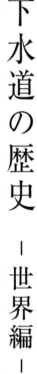

古代ローマでは、人口が急激に増加したことから、丘の下に広がるティベーレ川の氾濫によってできた沼沢地に排水溝をつくって、市街地を造成しました。ここにつくられた排水路の中で最も有名なのが「クロアカ・マキシマ（「最大の暗渠」という意味）」です。紀元前616～578年に建設され、19世紀まで下水道として使用されていました。今日でもその一部738mが残存しています。

◆フランス・パリ

中世に入ると、ヨーロッパの都市では、ゴミや生活排水、し尿が街路に投棄されるようになり、都市の衛生状態は劣悪なものとなりました。パリの路面は、投げ捨てられた汚水やゴミの臭気、ぬかるみがひどかったそうです。男女問わず道端や物陰などで排便するのは当たり前で、「花の都」パリの街中がトイレだったといっても過言ではなかったそうです。

また、夜になると2階の窓からおまるの中身を道路に向かって投げ捨てていました。その際、「ガーディ・ロー！（そら、水がいくぞ！）」と3回叫ぶのが風習でした。

図3　街路にし尿を投げ捨てている当時の銅版画

ところで、ベルサイユ宮殿を造営したルイ14世や王妃のマリー・アントワネットは、おまるを備えた椅子型の便器を使用していました。おまるの中身は宮殿の窓から外に捨てていたそうです。

宮殿内にはトイレが少なかったそうで、廷臣は庭園の片隅で済ましていたそうです。当然、荘厳な庭園には何ともいえぬ臭気が漂っていたことでしょう。なお、ベルサイユ宮殿に最初の水洗トイレが設置されたのは１７２８年でした。

下水道はというと、１３７０年にパリのモンマルトル地区で円天井の下水道がつくられ、１７４０年頃にはパリの市街地の下水をセーヌ川に放流する環状大下水道が築造されます。19世紀に入り、産業革命による都市の人口増加とコレラの流行を受け、１８４８年に即位したナポレオン3世は、パリを生まれ変わらせるべく、新しい都市計画の策定を命じ、本格的な下水道整備も進められました。

ヴィクトル・ユーゴーは著作『レ・ミゼラブル』の中で、主人公のジャン・バルジャンが下水道の中を逃げる姿を描写していますが、この物語の中には、１８０５年に行われたパリの下水道調査についての記述もあります。

また、当時の下水道には、ローマ時代に建設され、その後維持管理されず放置されていたものもあり、それらは「悪臭を発する悪魔の住処《すみか》」と呼ばれ、多くの市民から得体の知れない恐ろしいものだと思われていたそうです。

なお、パリには下水道博物館があり、１８５０年代の下水道を間近で見学することができます。セーヌ川にかかるアルマ橋のたもとに博物館への入口がありますので、パリを訪れた際は一度見学してみてはいかがでしょうか。

◆イギリス・ロンドン

19世紀のロンドンでは、汚水はそのままテムズ川に流されていました。１８４８年から翌年にかけて2度目のコレラ大流行に見舞われたことから、１８５５年、イギリス議会は首都工事局を設置し、街中の下水を集めてテムズ川の下流に放流するための「テムズ川遮集渠計画」を立てますが、これは財政難により棚上げにされてしまいます。

ところが、１８５７、１８５８年の夏には、テムズ川の臭気が風に乗って国会議事堂まで侵入し、あまりの臭いに審議がたびたび中断するという事態が生じたことから、政府は下水道整備に本腰を入れ、１８７５年にテムズ川遮集渠が完成します。しかし、これは汚水の放流先をロンドン郊外に移しただけで、テムズ川下流の汚濁は相変わらずで、汚物が川底に堆積して舟運にも支障を来しました。

当時、コレラの伝染は空気中に漂う「毒素」によるもので、空気感染だと考えられていました。しかし、19世紀後半になると、フランスのパスツール、ドイツのコッホを中心に細菌学が急速に進歩し、感染症の正体が少しずつ明らかになっていきました。コッホは、

1882年に結核菌を発見し一躍脚光を浴びます。そして、2年後の1884年にコレラ菌を発見し、コレラが消化器系急性伝染病であることを解明します。

その後、イギリスでは、1865年に「河川汚濁王立委員会」が、「下水は処理をしてからテムズ川に放流すべきである」との報告書を取りまとめます。これを契機に、下水処理の方法について研究が進み、1897年にファウラーが、下水に空気を吹き込むと汚水が浄化されることを発見します。この技術は「活性汚泥法」と呼ばれ、この方法による浄化実験が成功したのは、1914年でした。なお、「活性汚泥法」については、「処理場の仕組み（汚水処理）」（124ページ）で詳しく説明します。

そして、この年にイングランドのサルフォードで活性汚泥法を採用した初の処理場が運転を開始しました。活性汚泥法は、100年以上経った現在でも下水処理の主流技術として世界中で活用されています。

世界の下水道の歴史については、中国やドイツ、アメリカなどその他の国でもお話しすることはたくさんありますが、世界編はこの程度にしておきまして、次に、日本の下水道の歴史についてお話ししましょう。

下水道の歴史 ー日本編ー

今なお現役「神田下水」

では、わが国の下水道の歴史です。

◆縄文時代～弥生時代

さて、縄文時代（約1万3000年前～2500年前）に下水道はあったと思いますか？現在までに発見されている遺跡を見ると、縄文時代の人々は、水をあまり使っていなかったようです。そのため、生活排水をそのまま捨てたとしても、地中に染み込んで自然に処理されていたと思われます。また、雨については、家の周りに浅い溝を掘って排除していたようです。し尿については、どのように処分されたのか分かっていないのですが、縄文時代に下水道は存在していなかったとされています。

弥生時代（紀元前3世紀～3世紀）になると、稲作による農耕が始まり、水を積極的に利用する社会となりました。当時の遺跡には、用水路とも排水路とも考えられる水路が見られます。水路の遺構を発掘すると、さまざまなゴミ類も出てくることから、排水路であったのではないかと推定されています。この時代、下水道はまだないものの、下水道の萌芽らしい施設が見られ、下水道の起源は弥生時代まで遡ることができるのではないかと思います。なお、当時の住居跡からは便所がなかったことが判明しているそうです。

◆奈良時代～平安時代

わが国で確認できる最初の排水溝は、大化元（６４５）年に難波宮で築造されました。この年は、皆さんよくご存じだと思いますが、その後始まる「大化の改新」のきっかけとなった、中臣鎌足や中大兄皇子らが蘇我入鹿を暗殺した「乙巳《いっし》の変」が勃発した年でした。なお、難波宮は、この騒動後に即位した孝徳天皇が蘇我氏の影響下にあった飛鳥を避けて遷都した都です。

その後、平城京や平安京では、し尿などの生活排水は、雨水を排除するために設けられた道路の側溝や水路に流して処分していたと考えられています。この時代も水の使用量は、現在と比べると非常に少なく、汚水も大した量にはならなかったようです。

◆鎌倉時代～室町時代

鎌倉時代、室町時代に入ると、人々の生活には大きな変化がありました。し尿が肥料として農村に還元されるようになったため、し尿の処理・処分は不要になったのです。一方、入浴方法が蒸し風呂から現代のような温水入浴に変わり、水の排水量が増加したと思われますが、本格的な下水道はつくられませんでした。

◆江戸時代

天正18（1590）年、徳川家康が江戸に入府し、城下町の造営を行うことになります。江戸の地はもともと沼沢地だったので、排水のための掘割が進められました。三代将軍家光の頃には、雨落下水、溝（ドブ）、割下水、幕府が自ら管理した公儀下水などさまざまな呼び名の下水道が整っていたようです。

◆太閤《たいこう》下水と神田下水

わが国の下水道の歴史上有名な築造物として、「太閤下水」と「神田下水」があります。

太閤下水は、天正11（1583）年、豊臣秀吉が

写真1　太閤下水

大阪城と城下町を建設した際に、築造されました。城下町は、碁盤目状の道路で整然と区画され、家々はそれぞれが道路に面するように背中合わせで建てられました。その背中合わせになった家と家の間に下水溝がつくられていたため、太閤下水は、「背割下水」とも呼ばれています。

明治時代になると、神戸や横浜の外国人居留地で下水道がつくられます。明治6（1873）年には、東京・銀座に雨水排除のための排水施設が設けられたとの記録がありますが、汚水や雨水の排除を目的とする本格的な下水道は、明治17（1884）年に着手された「神田下水」が最初となりました。

この二つの下水道、太閤下水と神田下水は、今日でも現役として活躍しています。

◆下水処理場、初めて物語

わが国初の下水処理場は、大正11（1922）年に東京市に完成した「三河島汚水処分場」です。処理の方法として「散水ろ床法」という方法が用いられました。同施設は高い歴史的価値が認められることから、平成19年12月に下水道分野の遺構では初めて国の重要文化財（建造物）に指定されました。予約をすれば、施設見学を行うことも可能です。ご興味ある方はぜひ足を運んでみてください。

現在の下水処理法の主流である「活性汚泥法」（当初は、「促進汚泥法」と呼ばれていました）を最初に採用したのは、名古屋市でした。昭和5年、堀留処理場、熱田処理場で、他の都市に先駆けて活性汚泥法による処理を開始しました。

◆そして、現在へ

その後のわが国における下水道の歴史は、「下水道の役割の変遷～下水道法を中心に～」（34ページ）で詳しくお話ししますが、昭和33年の新下水道法の制定により、本格的な近代下水道の整備が進められます。そして、令和2年度末の下水道処理人口普及率は、80・1％までになりました。

世界	
BC2000年	古代インドの都市モヘンジョ・ダロに下水道が作られる
BC600年	古代ローマで「クロアカ・マキシマ」が作られる
1347年	ヨーロッパでペストが大流行
1370年	フランス・パリに円天井の下水道が作られる
1728年	ベルサイユ宮殿に最初の水洗トイレが設置される
1740年	パリに環状大下水道が作られる
1848年	ドイツ・ハンブルクに下水道が作られる イギリス・ロンドンでコレラが大流行
1858年	アメリカ・シカゴに下水道が作られる
1859年	ロンドンに下水道が作られる
1918年	イギリスで活性汚泥法を用いた最初の下水処理場が運転開始

日本	
1583年	大阪城の城下町に太閤下水（背割下水）が作られる
1869年	横浜の外国人居留地に瓦製陶管の下水道が作られる
1879年	日本でコレラが大流行
1884年	東京の近代下水道・神田下水が作られる
1900年	旧下水道法が制定
1922年	東京・三河島汚水処分場が運転開始
1930年	熱田・堀留処理場（名古屋市）で、日本初の活性汚泥法による下水処理が始まる
1958年	新下水道法が制定される
1970年	公害国会が開催される

図4　下水道の歴史

下水道の役割の変遷
～下水道法を中心に～

始まりは「生命を衛《まも》る」ため

ここからは、下水道の役割の変遷をたどってみます。

下水道の役割は、既に「下水道を知る」（19ページ）で、大きく四つあるとお話ししました。皆さん、覚えていますか？それはあくまで今の時代の役割であって、下水道の役割は時代を反映し、変化しています。そして、この役割は、その当時の下水道法に明示されています。

そこで、下水道法の変遷をたどり、下水道の役割の移り変わりを見てみたいと思います。下水道の歴史の一端を学び、下水道への理解を深めていきましょう。下水道が初めての皆さんにとっても、興味深い話がたくさん出てくると思いますよ。

◆わが国初の下水道法の制定

わが国初の下水道法は、「土地の清潔の保持」を目的に明治33（1900）年に制定されました。制定のきっかけは、わが国でコレラや赤痢、腸チフスなどが幾度となく流行して、多くの国民の生命が奪われたことにあります。

わが国で初めて流行した感染症は、文政5（1822）年の世界的パンデミックの余波で流行したコレラでした。この年は、限定された地域での流行でしたが、安政5（1858）年には、全国で大流行しました。この時のコレラをわが国に持ち込んだのは、長崎に寄港したアメリカの艦船ミシシッピー号でした。この大流行は、「安政コロリ」とも呼ばれ、約3年間猛威を振るい、一説によると死者は28万人にも上ったそうです。

明治時代になってもコレラは再三流行し、明治10～12（1877～1879）年には、死者が11万人にも及びました。当時のわが国の総人口は3900万人程度でしたから、約0.3％の国民の命が奪われたことになります。大変な死者数です。なお、明治年間を通して、コレラによる死者数は約37万人となりました。

明治16（1883）年、明治政府は欧米諸国を視察した長与専斎（内務省初代衛生局長）による「コレラ等の伝染病を予防するには、公衆衛生が大事であり、そのためには下水道の建設が必要である」との提案を受け、下水道の建設を開始することを決定します。

図5　明治15年の図書で描かれた「コレラ退治」

そして、明治17～18（1884～1885）年にかけて東京に神田下水が建設されました。しかし、その後は国の財政難もあり、下水道整備は中断されてしまいます。なお、明治17年は、ドイツの医師であり細菌学者のコッホが、コレラ菌を発見した年でした。

ところで、「衛生」という言葉を最初につくったのも長与専斎であり、「生命を衛《まもる》」という意味が込められています。私が大学生の時、祖母に衛生工学を専攻すると伝えたところ、「大学まで行って、蚊やハエ、ネズミの駆除の勉強をするのか」と不思議がられたものです。祖母は、「衛生」の本来の意味を十分理解していなかったのでしょう。衛生工学というものは、長与専斎が名付けた通り、人の命を守るためにある崇高な学問であることを確《しか》と認識し、衛生の仕事に携わる方々には誇りを持ってほしいと思います。

明治20年代に入ると、東京をはじめとする都市の人口が増加し、これに伴い、ゴミや汚水の量も増え、ますます衛生状態が悪くなりました。

そこで、「各般の病原を杜絶して国民の健康を増進するには、下水道制度の基礎を確立することが急務である」と改めて認識され、明治32（1899）年11月、下水道の法律「下水道案」が帝国議会において審議されることとなりました。

そして、明治33（1900）年4月1日、汚水や雨水を排除して土地の清潔を保持する目的で、わが国初めての下水道法が施行されました。余談ですが、明治33年は東京の京橋に「自働電話」と呼ばれた初の公衆電話ボックスが登場した年だそうです。

さて、話を戻します。無事、施行された下水道法ですが、この法律には大きな欠点がありました。それは、この法律で対象とした「汚水」には、し尿が含まれておらず、しかも、この「汚水」を処理する施設の設置も義務付けられませんでした。つまり、し尿を含まない汚水（台所や風呂などからの生活排水）と雨水を速やかに居住地区から排除することのみが定められた法律でした。

その後、大正時代に入ると、都市への人口集中がさらに進み、下水道を通して河川に流出する未処理の「汚水」が増大し、至るところで河川の汚染が目立つようになりました。そこで、法律では「汚水」の処理施設の設置は義務ではなかったのですが、河川の汚染を防ぐために、大正11（1922）年、東京市の三河島にわが国で最初の下水処理場となる「三河島汚水処分場」が設置されたのでした。

◆「し尿」処理の歴史~水洗便所の登場~

言うまでもありませんが、下水道は、し尿と切っても切れない縁にあります。そこで、し尿がどのように扱われてきたのか、その歴史について少し触れてみましょう。

平城京や平安京では、人々は、厠《かわや》（川屋）と呼ばれる水路の上に建てられた小屋で用を足していたようです。排泄物は小屋の床に設けられた穴からポットンと水路に落ちてそのまま流れていくわけです。

ちなみに、「下水道の歴史―世界編―」（23ページ）でも触れましたが、中世のヨーロッパでは、おまるに溜めた1日分の排泄物を、夜になると2階の窓から道路に投げ捨てていました。ペストが流行するのも当然です。

わが国では、鎌倉時代になると、し尿は肥料として利用されるようになります。江戸時代には、し尿は商品として売買されていました。面白いことに、し尿の品質にも上・中・下の等級があり、栄養価の高い食事をとっていた大名屋敷のし尿は「上」、貧民の多い長屋のそれは「下」とされ、値段が異なったそうです。

明治時代から大正時代初期にかけても、し尿は有価で取引されていましたが、大正時代の半ば頃になると、化学肥料が大量に生産され、肥料としての価値が低落し、その処分に困るようになります。そこで、し尿を下水道に取り込んで排除しようということになりました。ここに水洗便所という発想が生まれ、汲み取り便所から水洗便所へと便所の近代化に一歩踏み出すことになりました。そこで、東京市では、大正11（１９２２）年に、下水道が敷設された区域等での汲み取り便所を禁止し、水洗便所への改造を市民に働きかけましたが、普及はなかなか進まなかったそうです。

その後も普及は進まず、東京都では、溢れかえる汲み取ったし尿の処分に困り、昭和25年から東京湾への投棄を再開します。大阪などの大都市も同様の状況となり、東京湾や大阪湾への投棄量は、年とともに激増し、「ゴールド・ラッ臭」という言葉が生まれたほどでした。

昭和48年には沿岸部近くへの投棄が禁止され、平成19年にはし尿の海洋投棄が原則全面禁止になりました。

さて、次に、下水道にとって激動の時代となる昭和の時代へと話を進めましょう。

激動の昭和が遺したもの

◆昭和時代：終戦直後の下水道

さて、時代は、明治から大正を経て、昭和を迎えます。

ここでは、下水道にとって激動の時代となった昭和時代に制定された下水道法についてお話しします。

明治時代から大正時代にかけての都市化の進行により、下水道整備をする都市は次第に増えていきました。明治時代には、東京、大阪、仙台、神戸、函館、広島、名古屋、岡山の8市が、大正時代に入ると9市4町（松山市、若松市・小倉市〈共に現：北九州市〉、大分市、津市、福島市、長岡市、静岡市、岡崎市、明石町〈現：明石市〉、千住町・大崎町〈共に現：東京都〉、富洲原町〈現：四日市市〉）が下水道の建設を開始しています。

しかし、昭和時代になると、満州事変をきっかけに戦争の時代に突入し、昭和16年12月8日に太平洋戦争が勃発すると下水道整備は中断されてしまいます。

昭和20年8月15日に終戦を迎えますが、アメリカ軍による空襲を受けた多くの都市では、下水道施設が破損し、その機能は損なわれました。汚水の処理や雨水の排除ができず、蚊やハエが繁殖し、街中をネズミが走り回るなど、生活環境は不潔になってしまいました。そして、昭和20、21年と続いて赤痢が流行し、昭和27年には患者数約11万１０００人、昭和28年には約10万８０００人を数え、明治以来の大流行となりました。

衛生的で健康な都市にするためには早急な下水道の整備が必要でしたが、政府が実施した戦災復興事業では、経済復興が第一とされ、下水道事業は後回しにされます。

◆新下水道法の制定

下水道整備が進まない中、経済が復興するにつれ、人々はより良い生活を求め、すさまじい勢いで都市になだれ込みます。まさしく民族大移動の様相を見せます。昭和20年の都市部の人口は約２０００万人でしたが、10年後にはおよそ５０００万人と2.5倍に急増しました。当然、都市における排水は増加し、その対応が急がれることになりました。

また、産業が立ち直るにつれ、工場等からの排水も増加しました。生活排水と同様、その排水は処理されることなく河川や海、湖沼など（「公共用水域」と呼びます）に放流されるため、公共用水域の汚濁が顕著になってきました。そこで昭和33年４月24日、このような都市化の現象を受け、新たな下水道法が公布されました。

この新たな下水道法では、旧下水道法で目的とされた「土地の清潔の保持」が削除され、都市化時代における下水道の役割として、「都市の健全な発達及び公衆衛生の向上」が明確に示されました。

◆下水道行政の二元化

新下水道法の制定までの道のりは、厚生省（現：厚生労働省）と建設省（現：国土交通省）の熾烈《しれつ》な所管争いがあり、平坦ではありませんでした。

昭和23年7月、建設省と厚生省にほぼ同時に水道課が設置されます。ここから両省の下水道行政に対する激しい所管争いが始まります。

今日でも省庁の縦割り行政が問題視されていますが、一つの行政課題に対して、複数の省庁が議論を深めることができるため、偏った行政対応を防げるという側面もあり、一概に所管争いが悪いということでもないと思います。ただ、当時の所管争いは、現在と比較にならないほど非常に激しいものがありました。

所管争いの根源は、「し尿」の扱いでした。従来、し尿を取り扱ってきた厚生省は、「し尿処理とし尿を含む下水の処理は厚生省が所管すべき」との主張を譲りませんでした。一方で建設省は、「下水道行政を円滑かつ効率よく進めるためには、管渠と処理場の建設と管理の一元化が望ましい」として、大議論に発展します。

この争いは、昭和32年1月に決着がつきますが、その交渉は両省の次官と行政管理庁次長の三者で内密に進められ、下水道行政は厚生省と建設省に二元化されてしまいます。

その内容は、管渠の建設は建設省所管となったものの、旧下水道法と同様、「し尿を含む下水」の処理施設（終末処理場）を厚生省が所管、「し尿を含まない下水」の処理施設は建設省の所管というものでした。つまり、分かりやすく言えば、本来一体であるべき施設の管渠と処理場が分割され、前者は建設省所管、後者は厚生省所管となったのです。

この結末について、昭和32年1月17日付の日本水道新聞（株式会社日本水道新聞社）は、「下水道は建設、厚生で分断」、「晴天のへきれき　会談は極秘のうちに」との見出しのもと、「下水道についてはパイプライン等は建設省の専管、終末処理場は厚生省の専管となり形の上では、すっきりしたようであるが、実質的には依然として共管的な悩みが残されるおそれがある。」と報道しています。

また、社団法人日本水道協会（当時）は、「今度の解決案は理想案ではなく、特に下水道については問題を将来に残した感はあるが、一元化問題解決に一歩前進であることは認め得られる」との見解を示しています。

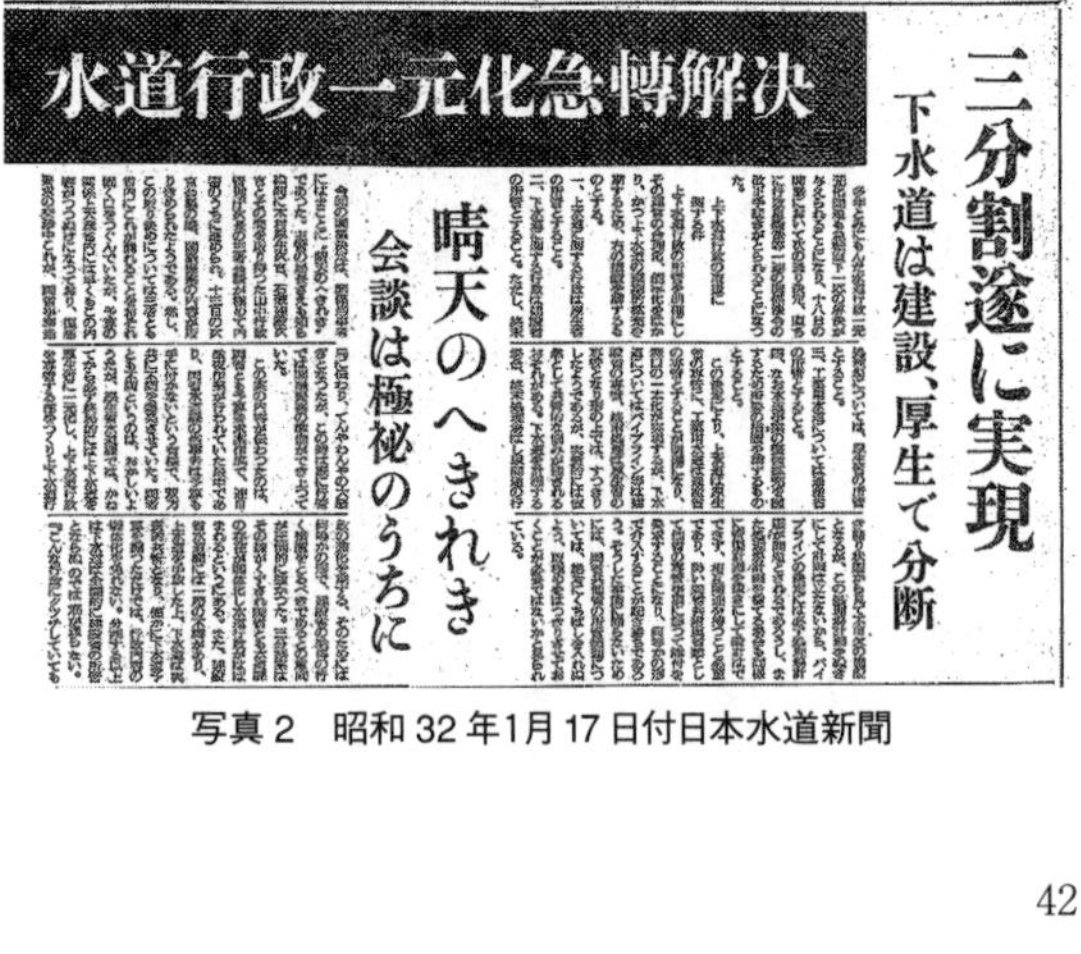
本水道新聞　（週刊）　昭和32年(1957年) 1月17日

水道行政一元化急轉解決

三分割遂に実現
下水道は建設、厚生で分断

晴天のへきれき
会談は極秘のうちに

写真2　昭和32年1月17日付日本水道新聞

◆新下水道法の特徴

下水道行政の二元化を受け、将来に大きな課題を残す法律となりましたが、新たな下水道法が無意味なものであったということではありません。この法律では、下水道を整備する上で必要となるさまざまな規定が定められており、今日の下水道法の原型となる法律となりました。

特筆すべきことは、時代を先取りした規定が盛り込まれたことです。それは、下水処理場からの放流水の水質基準の規定です。

当時、「水質保全法」が制定されていましたが、この法律の規定では、公共用水域のうち、水質汚濁が著しい水域を指定して、この指定水域へ廃水を排出する工場、事業場等について水質基準を設定するとされていました。そのため、対象水域や対象工場等が限定され、実効性が不十分な制度となっていました。そのような時代に、下水道法は、他の法律に先駆けて、下水処理場からの放流水の水質基準を自ら規制する条文を定めたのでした。その後、公共用水域の水質保全が求められる時代となるのですが、その時代に先んじて定めた画期的な規定となりました。

なお、建設省は、既に設置されていた水道課を改め、昭和32年4月に下水道課を誕生させました。

◆時代は水質汚濁の防止へ

わが国では、昭和30年頃から始まった高度経済成長により、悲惨な環境汚染が発生します。河川や海、湖沼などの公共用水域や大気の汚染が進み、国民の健康に多大な影響を与えることとなりました。

そして、昭和45年には、いわゆる「公害国会」と呼ばれる国会が開かれ、公共用水域や大気などの汚染を防止するための多くの法律が制定されることになります。この時、下水道法も大きく改正され、新たに「公共用水域の水質保全」という大変重要な役割を担うことになるのです。

というわけで、次に、昭和45年の公害国会における下水道法の大改正についてお話ししましょう。

疑わしきには先手を打て

いよいよ、下水道法改正のクライマックスを迎えます。

ここでは、昭和45年に実施された下水道法の大改正とその背景にある「公害」を取り上げます。そして、水環境を守る下水道事業に携わる方々に、ぜひ学んでほしい教訓についてもお話しします。

◆深刻化する公共用水域の水質汚濁

昭和30年頃から始まるわが国の経済成長は、池田勇人総理大臣が昭和35年に打ち出した「国民所得倍増計画」により加速し、国民の生活はどんどん豊かになっていきます。

しかし同時に、急激な都市化に伴う都市への爆発的な人口集中や各種工場生産の増加、特に、重化学工業の拡大による深刻な環境汚染問題が噴出し始めます。

昭和33年6月、政府の公共用水域の水質汚濁対策を転換させた象徴的な事件が起こります。千葉県浦安町（当時）の漁民ら約８００人が、工場排水により引き起こされた漁業被害に業を煮やし、本州製紙江戸川工場に押し掛け、警察隊と乱闘になったのです。

この事件をきっかけに、この年の12月、いわゆる「旧水質二法」と呼ばれる「水質保全法」と「工場排水規制法」が公布されます。しかしながら、この二法は規制内容の徹底を欠いていました。例えば、43ページでもお話ししたように、「水質保全法」は規制対象が限定的で実効性が不十分であったなど、残念なことに河川などの水質汚濁防止にはあまり役に立ちませんでした。

では、当時の河川の汚濁はどれほどひどかったのでしょうか。東京・隅田川を例に見てみましょう。

隅田川は、昭和20年代後半には、ドブ川と化して悪臭が漂い、川辺を散策することなどできない状況にありました。悪臭の原因は、川面からブクブクと湧き出てくる硫化水素でしたが、その硫化水素により隅田川沿いの家庭ではラジオやテレビなどの電気製品が購入後2週間で腐食し、包丁や鍋釜も黒く変色したといいます。お店で陳列していた真鍮《ちゅう》製品は10日ほどで黒変し、売り物にならなくなったといわれています。また、汽車が隅田川を通過するときには、臭気がひどいため乗客が一斉に窓を閉めていたそうです。

当然のことながら、健康被害も生じ、住民は吐き気や頭痛、目の充血などに悩まされました。昭和36年に

写真3　ゴミで溢れた隅田川
（出典：「図で見る環境白書昭和57年」、環境省）

は、今でも夏の風物詩として人気のある花火大会や早慶レガッタも中止になりました。皆さん、このような状況を今の隅田川から想像できますか？驚きですよね。

◆「公害」の発生

さて、全国に広がったさまざまな環境汚染は「公害」と呼ばれ、四日市ぜんそく、イタイイタイ病、水俣病などの公害病を引き起こし、多くの国民の健康が損なわれ、命までも奪っていきます。

ここでは水俣病を取り上げて、公害病がどれほど悲惨か、そして、そこから学び取るべき教訓とは何かをお話ししたいと思います。「水」を仕事にする皆さんにはぜひ知ってほしい、とても大事な出来事です。

◆水俣病から学ぶ大事なこと

水俣病とは、熊本県にある水俣湾周辺の村落で発生した病です。水俣湾では、昭和16年頃から魚が死んで腐臭が漂うようになり、昭和28年には、水俣湾周辺で、猫が狂ったように走り回って死んだり（「猫踊り病」と呼ばれました）、カラスなどの鳥が突然地面に落ちるなど奇妙で不気味な現象が見られるようになりました。異常事態はついに住民にも及び、昭和28年末に、麻痺やけいれん、手足の感覚障害、視野狭窄などを訴える住民が現れます。

この病は、原因が分からなかったため、奇病とされ、また、伝染病や遺伝といった根も葉もない噂が広まり、罹患した人たちが差別を受ける状況も見られました。

昭和31年5月になってようやく、この病は「水俣病」として公式に認められます。しかし、政府がその原因と発生源を認めるのは、12年後の昭和43年でした。この間、有効な対策が取られなかったことにより水俣病の被害が拡大してしまいます。

水俣病を引き起こした原因物質は、新日本窒素肥料株式会社（当時）水俣工場からの排水に含まれていたメチル水銀化合物でした。メチル水銀化合物が蓄積した水俣湾の魚などを食べて発病したのです。当時、この工場からの排水に疑念の目は向けられていましたが、確証が得られないとしてなかなか対策は取られませんでした。

当時の政府等における対応の経緯をほんの一部だけお話ししますと、水俣病が公式に認められた翌年の昭和32年に、熊本県が水俣湾での漁獲を禁止しようとしますが、厚生省はこれを認めませんでした。昭和33年に、厚生省が汚染源を水俣工場と特定しますが、当該工場が否定します。昭和34年には、熊本大学が原因物質を突き止めますが、通産省（現：経済産業省）は、結論は早計としてこの事実を受け入れませんでした。

また、この工場の附属病院の医師が猫を使った動物実験で、原因は工場の排水であると突き止めたのにもかかわらず、その結果を公表しなかったということもありました。

水俣病に対する当時の対応は、後世の私たちに重要な教訓を残しました。それは、「環境汚染から人命や自然を守るには、原因が明白になってからの対応では遅すぎる」ということです。疑わしき環境汚染に対しては、科学的確証がなくとも先手を打って対策を実行する英断が必要です。

この教訓は、「予防原則」と呼ばれ、国連環境開発会議「環境と開発に関するリオ宣言（1992年6月）」で第15原則として謳われています。

環境を守る下水道事業に携わる人たちには、この教訓を常に心に留めてほしいと願っています。

◆公害国会における「下水道法」大改正

政府は、昭和45年11月に国会を開催し、深刻な環境汚染への対応に本腰を入れ始めます。この国会は「公害国会」と呼ばれ、14に上る環境保全のための法律の制定、改正が行われました。当然、水質保全のための法体系も強化されます。

水質汚濁に関係する法律としては、「公害対策基本法（昭和42年8月公布）」が改正され、「水質汚濁防止法」が新たに制定されました。

「公害対策基本法」の改正では、この法律に定められ「経済調和条項」と呼ばれていた規定が削除されました。この条項は、「生活環境の保全については、経済の健全な発展との調和が図られるようにするものとする」というもので、この条項のために経済発展が優先され、公害問題を深刻化させる一因となっていました。そこで、この条項は改正に伴い削除されることになり、条項の削除により、その後の環境保全行政は、経済成長優先から人間尊重へと大きく転換していきました。

また、「水質汚濁防止法」は、実効性に課題のあった「旧水質二法」に代わって制定され、事業所や工場等からの排水基準など公共用水域の水質保全のための規制が強化されました。

ところで、公害国会の直前の昭和45年4月には、改正前の「公害対策基本法（現：環境基本法）」に基づき、維持されることが望ましい公共用水域の水質の基準として「水質汚濁に係る環境基準」が閣議決定されています。

この環境基準の達成に向けて、公害国会を転機として数々の施策が大急ぎで実施されることになるわけですが、その中心的な役割を担わされたのが下水道でした。

そのため、公害国会で下水道法も大改正が行われ、下水道法の目的として新たに「公共用水域の水質の保全に資する」ことが追加されました。ここに、下水道は、身の回りから排水を速やかに排除し、便所を水洗化する等、いわゆる居住環境を改善するという面だけでなく、河川、湖沼、海域等の公共用水域の水質汚濁を防止するという重要な使命を担うことになりました。

また、この目的を果たすために重要な規定も定められました。それは、「流域別下水道整備総合計画」の策定です。この計画は、行政区域を越えた流域単位で、環境基準の維持に必要な下水道整備の基本的な事項を定める計画で、個別の事業計画のマスタープラン（上位計画）となるものです。

公共用水域の水質保全を図るための施策は、行政区域ではなく流域単位で考えるという発想は今考えると当然とはいえ、当時としては非常に画期的でした。

変遷から見える先人の思い

さて、最後に昭和45年以降から現在まで、数回にわたり法改正された内容を簡潔にお話ししたいと思います。

下水道法は昭和45年の大改正後、時代の要請を受けて、さらに5回の改正が行われました。

図6に、明治33（１９００）年の下水道法制定から平成27年の改正までの変遷をまとめてみました。これを見れば、法改正時の時代背景とおおよその改正内容が分かっていただけると思います。ここでは、エポックメーキングとなった平成８年と平成27年の法改正を取り上げたいと思います。

◆平成8年6月改正

昭和45年の大改正の後、昭和51年に工場や事業所からの排水の水質規制をさらに強化するための改正が行われました。

その20年後である平成8年、久しぶりに法改正が行われました。

当時、世の中の関心は、情報化社会の推進や廃棄物などのリサイクルの促進に向いていました。下水道も、この時代の要請に貢献するために法改正を行ったのです。

まずは、情報化社会の推進への対応です。当時、情報を送る

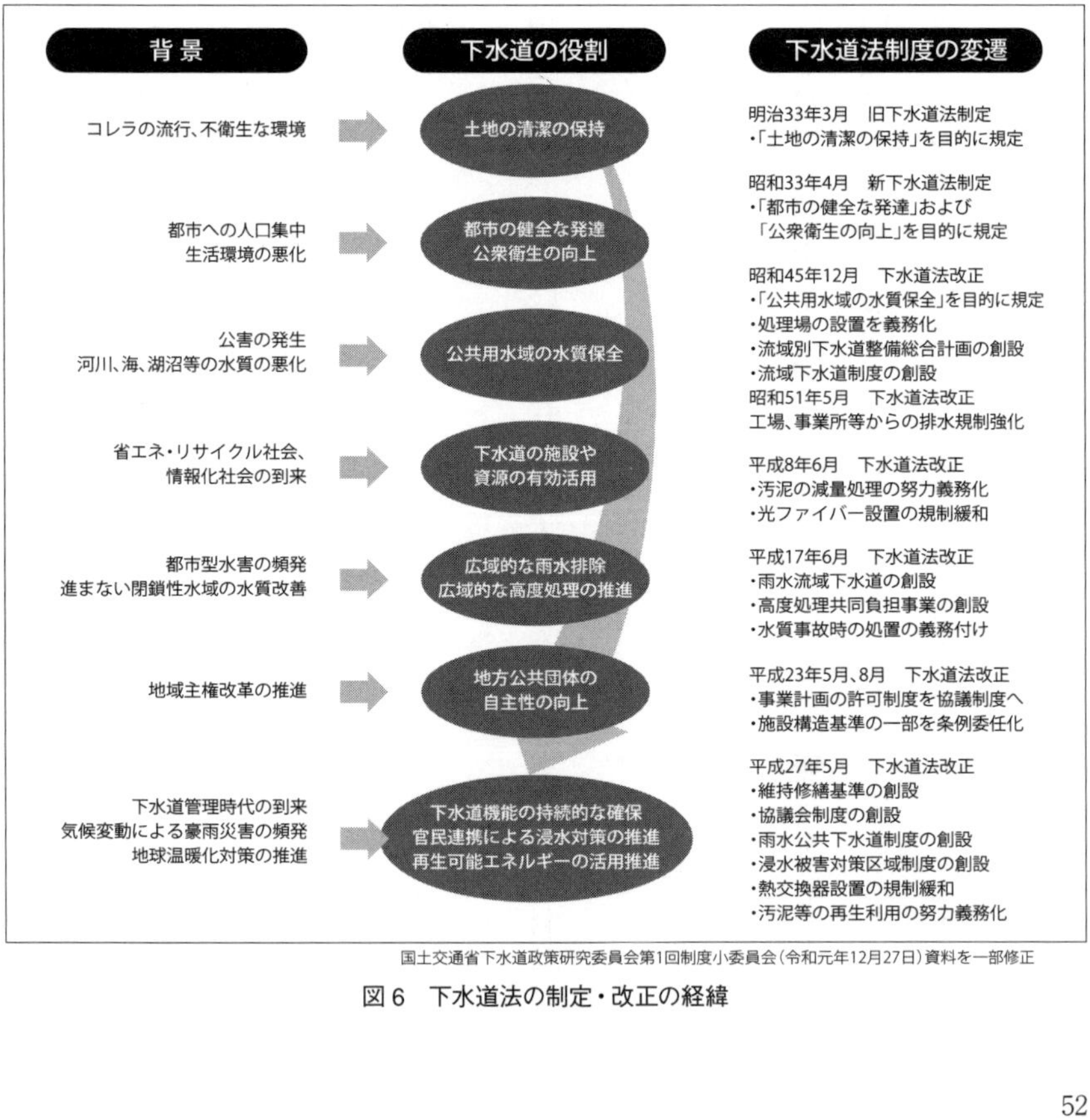

国土交通省下水道政策研究委員会第1回制度小委員会（令和元年12月27日）資料を一部修正

図6　下水道法の制定・改正の経緯

通信線として注目されていたのは、高速で大容量の情報を送信できる光ファイバー線でしたが、その光ファイバー線をどのようにして街中に張り巡らせ、かつ、各家庭までつなげるかが大きな課題になっていました。そこで、注目されたのが下水道の管渠でした。

当時整備されていた管渠の総延長は、約37万㎞。これはなんと！地球を約9周する長さであり、地球から月にまで届く長さになっていました。しかも、末端の管渠は各家庭につながっています。この管渠を利用すれば、各家庭までの通信網の整備が容易にできるのではないかと考えたのでした。皆さんの家庭のトイレから光ファイバー線がにゅっと出てきて、インターネットなどが利用できるようになるという目論見です。

そこで、電気通信事業者が管渠の中に通信線を敷設できるように法改正をしました（通常、管渠の中には何も設置できないことになっています）。そして、世の中にアピールするためにこの取組みを「電脳下水道事業」と名付けました。なかなか良いネーミングではないでしょうか。当時、光ファイバー網の整備に下水管渠網を活用しないかと現ソフトバンクグループ代表の孫正義氏にお話に伺ったこともありました。

次にリサイクルについてです。意外かもしれませんが、実は、下水道は有益な資源を持っています。その資源の一つに下水処理場から発生する「汚泥」（下水を処理する過程で発生する微生物の死骸で、利用可能なバイオマス）があります。

その再生利用（リサイクル）を義務化するために法改正を行うこととしましたが、この法改正はスムーズにはいきませんでした。内閣法制局との協議の中で、「汚泥の再生利用」という表現を使った条文は、下水道法の目的に合致しないため下水道法に規定できないと判断されました。「都市の健全な発達及び公衆衛生の向上に寄与し、あわせて公共用水域の水質の保全に資する」との目的からは、汚泥の再利用は下水道の役割とはいえないという判断でした。それならば目的を変更しようと試みましたが、ハードルが高くてできませんでした。

結局、汚泥の「再生利用」ではなく、「処理」ならば本来の目的に合致しているということで、「処理」と解釈できる「減量化」という行為の努力義務規定を設けることになりました。汚泥の再生利用の方法として、肥料化や骨材化などがありますが、そのような利用のための「処理」を行うと汚泥が「減量化」されるので、このような表現になりました。

皆さんには、何のことやら理解しづらいかもしれませんが、法律の解釈というものはなかなか厄介なのです。しかしながら、平成27年の法改正では、下水道法の目的を変更することなく、汚泥の「減量に努めるとともに、燃料又は肥料として再生利用されるよう努めなければならない」という努力義務の規定に改正することができました。時代に合わせて法律の解釈も柔軟に変わるものですね。

◆平成27年5月改正

平成27年5月の法改正における一番の特徴は、下水道法が維持管理の時代にふさわしい法律に生まれ変わったことです。新たに制定された規定により、下水道の維持管理を適正かつ効率的に進めることができるようになりました。

また、近年、100年に一度といわれる豪雨が100年どころか毎年、全国のどこかで発生して甚大な被害をもたらしています。このような豪雨による浸水の防除対策を強化するための規定が設けられたことがもう一つの特徴です。

専門的な用語が使われていて分かりにくいかもしれませんが、新たに規定された事項を挙げてみます。

まず、下水道の維持管理に関しては、「下水道施設の維持修繕基準」、「事業計画への点検事項の記載」、「管理の広域化や共同化を促進するための協議会制度」が新たに規定されました。

次に、豪雨対策に関しては、「雨水排除に特化した下水道の導入（雨水公共下水道）」、「浸水被害対策区域制度」、「民間による雨水貯留施設設置の管理協定制度」の規定が定められました。

このように、下水道法の変遷をたどることで、下水道の重要な役割と下水道整備を進めてきた先人たちの苦労の一端を理解していただけたと思います。

実は楽しいトイレマークの収集

下水道の役割の変遷についてなど堅苦しい話が続いたので、小休止しましょう。お話しする話題は、下水道と関係の深いトイレについてです。

私は、ここ数年、トイレマークの収集をしています。トイレマークを気に留める方は少ないと思いますが、これが意外や意外、素敵なものや可愛いもの、不思議なものなど数々のデザインがあります。紹介したいトイレマークはたくさんあるのですが、今回はほんの一部を紹介します。

写真Aは、私が初めて収集したトイレマークです。あまりにも可愛らしいのでつい写真を撮ってしまいました。

写真Bは、「善男」、「善女」と表示されています。これは太宰府天満宮で見つけました。善男善女とは、仏教に帰依した人、信心深い人のことです。この場所にふさわしい表現ですね。

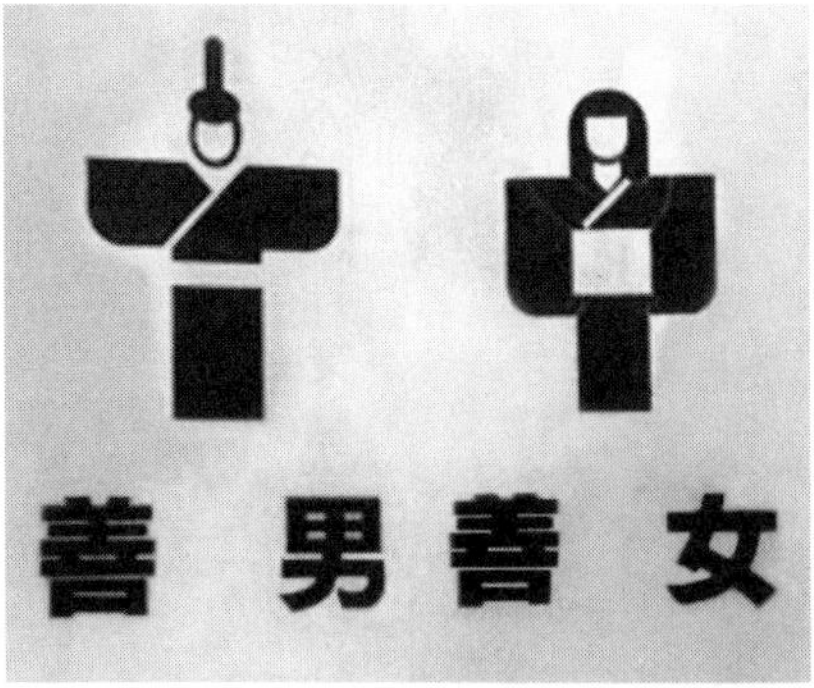

写真B

写真A

簡潔ですっきりとしていながら、男女の別を明らかに想像できるマークにも出会いました（写真C）。どうですか、このデザイン！

写真Dのように、おしゃれなマークもあります。

次に、海外を見てみましょう。写真Eはシカゴ市で見かけたトイレマークです。重厚なマークで芸術性を感じます。

写真Fは、ミュンヘンのビアホールのトイレマークです。「Ｈｅｒｒｅｎ」と「Ｄａｍｅｎ」。さて、どちらのドアを開けたものか？迷ってしまいました。

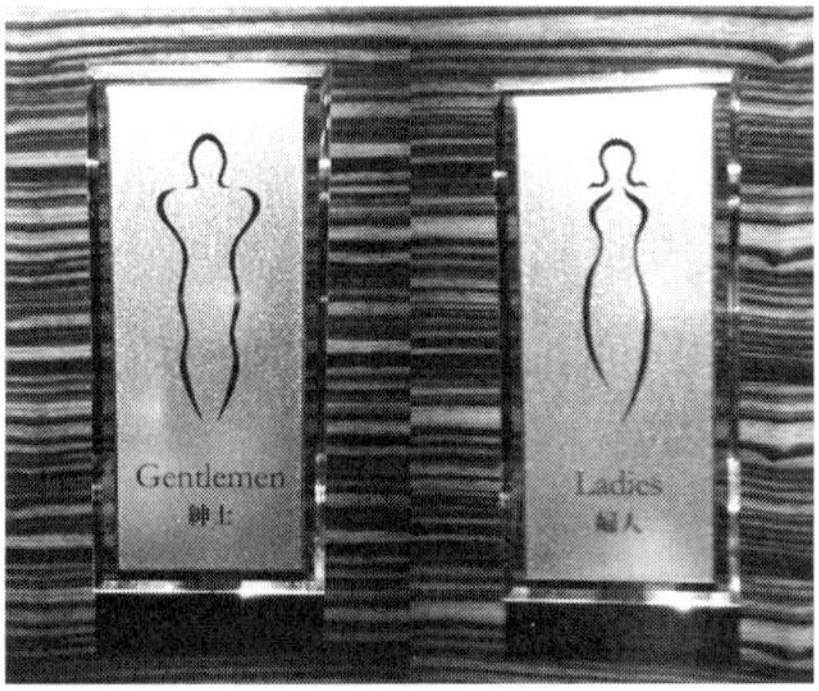

写真D

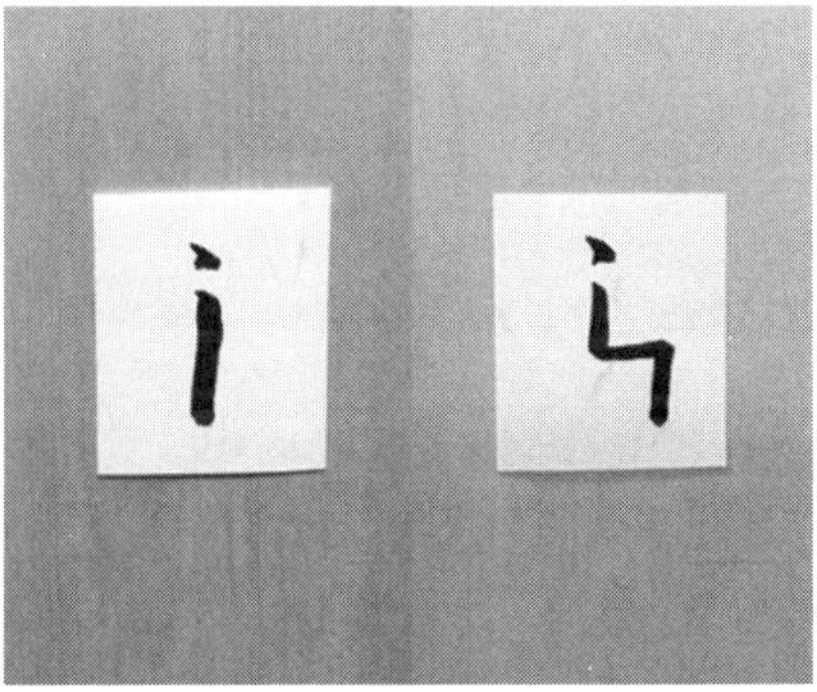
写真C

写真F

写真E

「H」の方は「her…」なので女性用らしい感じだし、「D」の方は「…men」となっているので、こちらが男子トイレに違いないと中に入ると、なんとそこは女子トイレでした。トイレの中に誰もいなかったので事なきを得ましたが、冷や汗ものでした。皆さん、ドイツに行かれた際には、くれぐれもお間違えのないように。

ブリスベンでは、ユニセックス用のトイレマークを見つけました（写真G）。

写真Hは、台湾・台北市の故宮博物院で見かけたマークです。皇帝と皇后をイメージしているのでしょうね。台湾らしさのある可愛らしいマークです。

最後は、知人が送ってくれた何とも不思議なマークです（写真I）。タイのリゾート地アオナンで見つけたそうです。トイレの場所の案内

写真G

写真H

写真I

写真J（佐賀県立九州陶磁文化館）

板と思われますが、この図柄、どう解釈すればいいのか困惑します。このトイレは、覗きがOK……？なはずありません！

トイレそのものも色々あります。佐賀県有田町の県立九州陶磁文化館で出会ったトイレが写真Jです。立派な有田焼の便器や洗面台などが備わっていました。豪華で芸術作品のようです。

写真Kは、「サニスタンド」という名前の、女性も立ってオシッコができる小便器で、TOTOミュージアムで撮影しました。昭和39年、東京オリンピック・パラリンピックが開催された国立競技場に女性選手が短時間で用を足すために設置されたそうです。

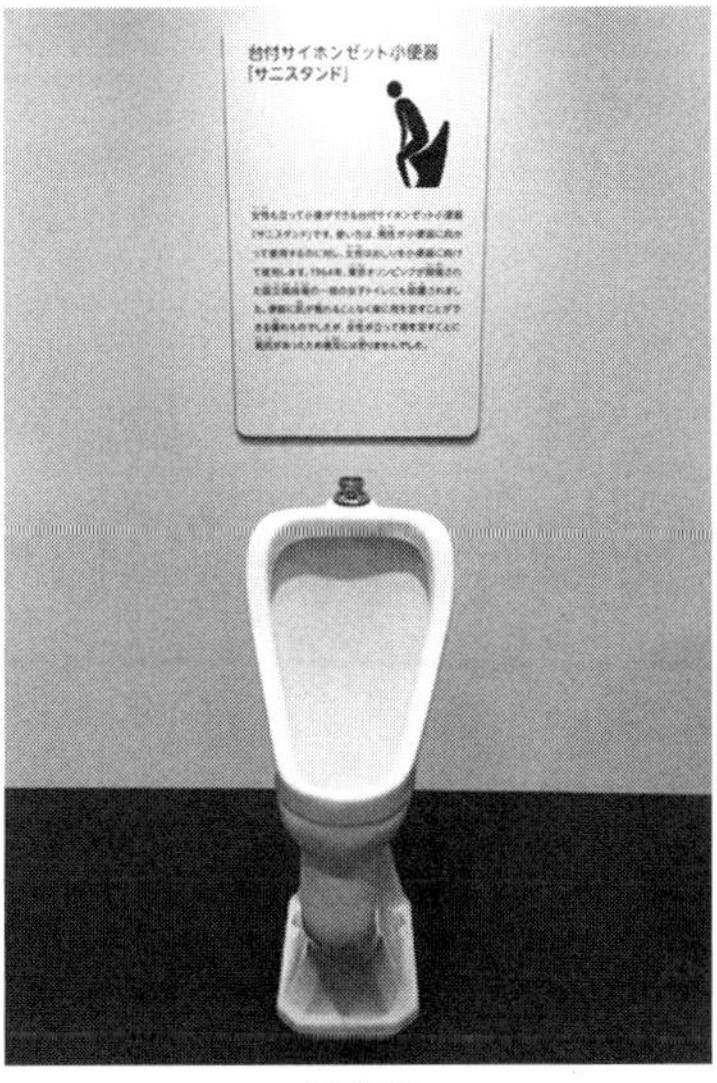

写真K

さてここで、トイレマークを収集したいと思われた読者に一言忠告です。トイレのマークの撮影には、細心の注意を払わなければなりません。周りを見渡して、誰もいないことを十分確認した上で、マークにさっと狙いを定めて素早く撮影することが大事です。撮影しているところを人に見られたり、写真を撮った瞬間にトイレから人（特に異性）が出てきたりすると大変なことになります。

変態扱いされないようにくれぐれもお気を付けください。

下水道の種類

そもそも公共下水道って？

さて、ここから、「下水道とは何か」を知るために、「はじめの一歩」を大きく踏み出すことにしましょう。

まずは、下水道の種類についてのお話です。

下水道といってもいろいろな下水道があります。下水道の種類は、下水道法で規定されていて、

・公共下水道
・流域下水道
・都市下水路

の3種類に大別されます。

これらの下水道は、「どこで」、「誰が」、「何を目的として」、下水道を整備するかによって分けられています。

簡潔に説明すると、「公共下水道」は主として市街地において市町村が、「流域下水道」は2以上の市町村にまたがる下水道を都道府県が、整備する下水道です。「都市下水路」は、雨水排除のために市町村が整備する水路のようなものです。「はじめの一歩」としては、この程度の理解でも十分ですが、もう少し詳しく見てみましょう。

なお、ここで頭の整理をしておいてほしいことがあります。少しややこしいのですが、下水道の種類を規定しているものとして、「下水道法」と「交付要領」というものがあります。「交付要領」とは、国からの財政支援（国庫補助〈補助金や交付金〉）の対象となる下水道事業の要件を定めた規定です。これらの規定により、下水道法で規定されている3種類の下水道をさらに分類したさまざまな下水道が存在しています。このことを頭の片隅で意識しておいてください。

なお、国からの財政支援は、下水道法第三四条によって「設置又は改築に要する費用の一部を補助することができる」と規定されています。

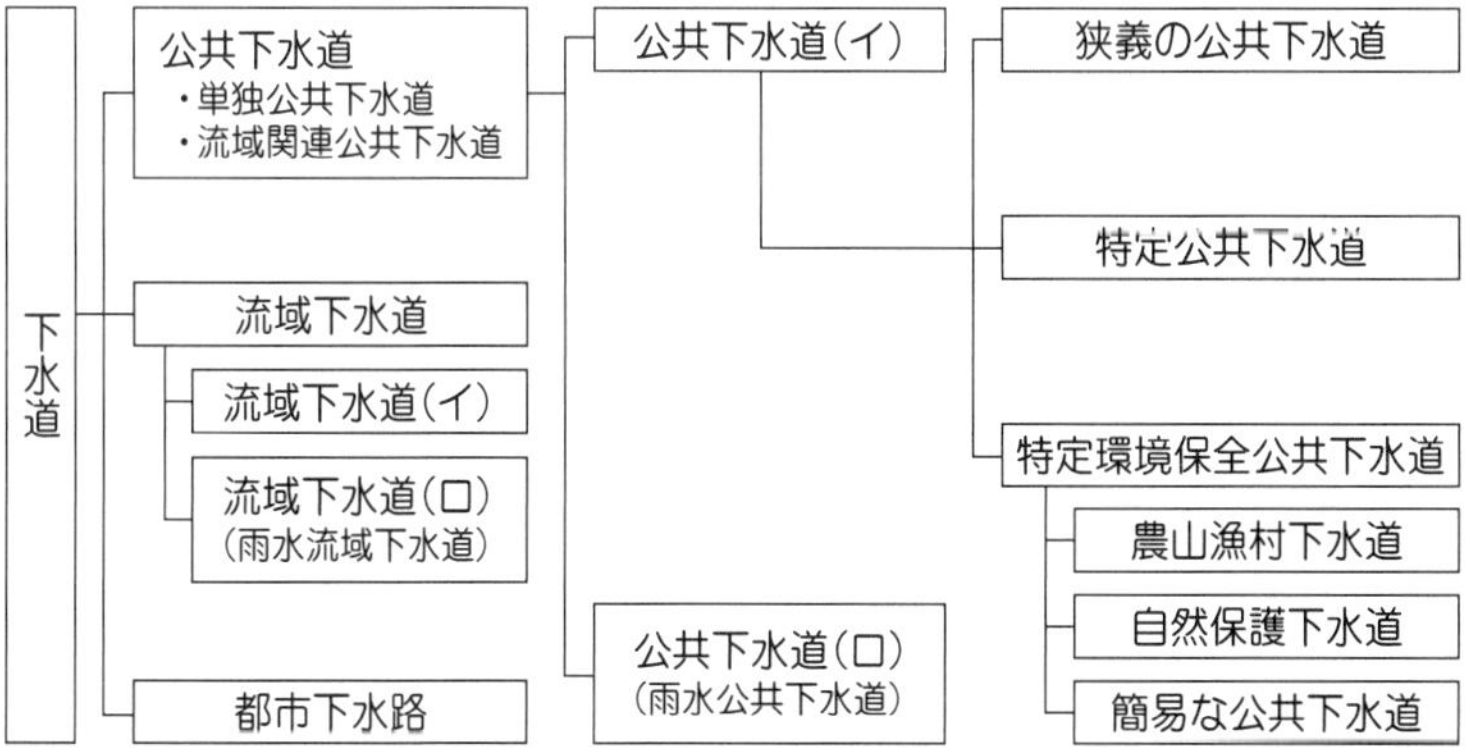

図7　下水道の種類

◆公共下水道とは

では、最初に公共下水道について説明しましょう。

〈定義〉

公共下水道には、二つの種類があり、下水道法第二条「第三号イ」と「同号ロ」で定義されています。ここでは、それぞれを「公共下水道（イ）」、「公共下水道（ロ）」としましょう。

（参考）法律の条文の構成

法律の条文の構成とその表記の仕方について簡単に説明しておきます。

法律の条文は、「第◇条第△項第□号」のように、「条」、「項」、「号」の順に書かれています。「条」が最も基本的な単位で、「条」をさらに詳しくする場合には、「項」、そして、次には「号」、さらに細分化するときには、「イ」、「ロ」、「ハ」……が使われます。

また、「条」と「号」の番号は漢数字で、「項」のそれはアラビア数字で表記されます。

なお、「項」が一つで済む場合には、例えば、「法第二条第1項第三号」とは書かずに、「法第二条第三号」と「項」は省いて表記します。

手近にある法律書をパラパラとめくって見ると分かりますよ。

・公共下水道（イ）

従来からの方式で、「主として市街地における下水を排除し、又は処理するために地方公共団体が管理する下水道で、終末処理場を有するもの又は流域下水道に接続するもの」です。下水を必ず処理することが要件となっている下水道です。

ここで、処理場を有するものを単独公共下水道、流域下水道（後で説明します）に接続されるものを流域関連公共下水道と呼びます。

・公共下水道（ロ）

「主として市街地における雨水のみを排除するために地方公共団体が管理する下水道」です。平成27年の下水道法改正時に新たに規定されました。

それまでの公共下水道は、先ほど説明したように、処理場を有するか流域下水道に接続されていなければならないと規定されており、下水を処理することが必須の要件となっていました。つまり、この規定では、雨水だけを排除する公共下水道は設置できないということになります。

しかし、汚水対策より浸水対策を急がなければならない地域もあります。そこで、雨水を排除するだけの公共下水道であっても整備できるように、下水道法を改正し「雨水公共下水道」と呼ばれる公共下水道（ロ）を新設しました。

〈管理者〉

下水道法第二条では、「地方公共団体が管理する」となっていましたね。地方公共団体といっても都道府県と市町村がありますが、下水道法第三条で、「公共下水道の設置、改築、修繕、維持その他の管理は、市町村が行うものとする」と規定されています。

ただし、下水道事業の実施により2以上の市町村が受益し、かつ、それらの市町村では設置等が困難な場合には、都道府県も管理者になれます。また、財政力や技術力が不足しがちな過疎地域では、「過疎地域活性化特別措置法」に基づき、公共下水道の根幹的な施設の設置を都道府県が代行することもできます。いろいろなケースがあって煩雑ですね。

〈整備対象地域〉

整備する地域は、「主として市街地」と規定されています。

そもそも、下水道は、都市の生活環境を衛生的かつ安全で快適なものとするためにその整備が始まりました。都市計画法でも都市に不可欠な施設（都市施設）として位置付けられていて、市街地などの人口が密集している地域での整備が求められています。下水道法の目的でも「都市の健全な発達に寄与する」と表現されていますよね。

しかし、後ほど説明しますが、市街地以外でも下水道の整備が望まれるようになり、そのための公共下水道が創設されることになります。

〈その他の規定〉
公共下水道（イ）では、「汚水を排除すべき排水施設の相当部分が暗渠である構造のもの」という規定もあります。つまり、管渠は地中に埋めましょうということです。なぜこのような規定があるかといいますと、汚水を流す施設が地表につくられ、しかも蓋のない水路では不衛生だということだからでしょうね。

◆さまざまな公共下水道

さらに公共下水道（イ）は、
・狭義の公共下水道
・特定公共下水道
・特定環境保全公共下水道（特環《とっかん》公共下水道）
の三つに分類されます。

まず、「狭義の公共下水道」とは、「特定公共下水道」と「特環公共下水道」以外の公共下水道（イ）のことです。狭義というと限られたもののようですが、皆さんが一般的に思い浮かべる下水道はこれに当たります。

次に、「特定公共下水道」は、下水道の設置等の費用の一部を事業者に負担させるために通常の公共下水道と区別する目的で設けられています（政令第二四条の二第一号）。

例えば、鹿島臨海工業地帯からの排水を主として受け入れて処理をしている下水道のように、工場など特定の事業者の事業活動に主として利用される下水道で、下水道に受け入れる汚水量のうち事業活動から発生する汚水量がおおむね3分の2以上を占める下水道と規定されています。

なお、昭和45年の法改正以前、このような工場排水を集めて処理する下水道は、公共下水道には該当せず、「特別都市下水路」と呼ばれていました。なぜなら、当時の処理場は、し尿を含む下水を処理するものと法律で規定されていたので、工場排水のみを処理する下水道は、公共下水道には該当しませんでした。しかし、昭和45年の法改正により、工場排水のみを処理する施設も処理場に該当することとなり、公共下水道の一種となりました。

次に、「特環公共下水道」です。この下水道は、下水道法で規定された下水道ではなく、前に説明した「交付要領」により規定された下水道です。そのため、下水道法には「特定環境保全公共下水道」という用語は出てきません。法律上は、公共下水道ということになります。

さらに、特環公共下水道は、「農山漁村下水道」、「自然保護下水道」、「簡易な公共下水道」の3種類に区分されます。

特環公共下水道は、昭和50年度に設置されました。国からの国庫補助を受けられる公共下水道は、昭和49年度までは、都市計画で定められた区域内（「都市計画区域」といいます）、つまり、市街化区域や人口が密集した既成市街地などの区域で実施される事業に限られていました。

しかし、農山村地域における生活様式が変化し、また、国立公園や国定公園などでの観光客の増加に伴って、河川や湖沼などの水質汚濁が顕在化したため、これらの地域での下水道整備が求められるようになりました。そこで、都市計画区域以外の地域においても整備ができる下水道として特環公共下水道が創設されました。

ところで、農林省（現・農林水産省）では、農村地域における生活排水などにより農業用水の汚濁が進み農業生産に悪影響を及ぼしていたことから、昭和48年度より、汚水処理施設の整備を開始しました。その際に、建設省と農林省の間で事業を実施する地域の調整が行われ、農林省の汚水処理施設は、汚水の処理対象人口がおおむね１０００人以下の地域で整備することが決められました。

そして、昭和50年に、特環公共下水道が創設されますが、農村地域での整備も行うこととなるため、農林省との再調整が必要となりました。先ほどの取り決めを参考に、特環公共下水道は、汚水処理対象人口が「おおむね１０００人以上、１万人以下」の地域で実施されることとなりました。

なお、特環公共下水道のうち、生活環境の改善を図る必要がある地域で実施されるものを「農山漁村下水道」、自然公園地域（自然公園法第二条）で実施されるものを「自然保護下水道」と呼びます。

また、昭和61年度より処理人口がおおむね1000人未満の地域においても、条件付きですが、特環公共下水道が実施されることとなりました。この下水道は、「簡易な公共下水道」と呼ばれています。

以上が公共下水道の全貌です。細かな話になってしまったので、皆さんお疲れになったことでしょう。

続いて、流域下水道と都市下水路、そして、下水道以外の汚水処理施設のお話をします。

流域下水道に歴史あり

◆流域下水道とは

〈定義〉

流域下水道の定義（下水道法第二条四号イ）です。

創設当時、流域下水道は1種類で、その定義は、

「専ら地方公共団体が管理する下水道により排除される下水を受けて、これを排除し、及び処理するために地方公共団体が管理する下水道で、二以上の市町村の区域における下水を

排除するものであり、かつ、終末処理場を有するもの」でした（流域下水道（イ）とします）。

その後、平成17年に、公共下水道の「雨水公共下水道」と同様に（順番としては流域下水道が先に設けられたのですが）、雨水排除のみができる流域下水道として「雨水流域下水道」が設置されました（流域下水道（ロ）とします）。

雨水流域下水道の定義（下水道法第二条四号ロ）は、「公共下水道（終末処理場を有するもの又は前号ロに該当するものに限る。）により排除される雨水のみを受けて、これを河川その他の公共の水域又は海域に放流するために地方公共団体が管理する下水道で、二以上の市町村の区域における雨水を排除するものであり、かつ、当該雨水の流量を調整するための施設を有するもの」です。

これにより、複数市町村にまたがる区域を対象に一体的かつ効率的に下水道で浸水対策を行うことが可能になりました。

また、国庫補助の交付対象となる要件（交付要件）も流域下水道（イ）と（ロ）のそれぞれで定められています。流域下水道（イ）を例にすると、その要件は、水質環境基準が定められている水域であって、その水域内の全人口が「30万人以上または都道府県の総人口の1割以上」で、かつ、流域下水道区域内の計画人口が「対象水域の全人口の5割以上または原則として10万人以上」であることが定められています。

なお、現在、流域下水道は、42都道府県で120カ所実施されています。

〈流域下水道として整備する施設〉

流域下水道として整備する施設は、処理場と2以上の市町村からの下水を受け入れる管渠です。一方、各市町村は、流域下水道につなげるための管渠を公共下水道として整備します。このような公共下水道を「流域関連公共下水道」と呼びます。

〈管理者〉

管理者は、都道府県（下水道法第二五条の十）です。ただし、都道府県と協議をすれば、市町村も管理することができます。

余談ですが、近年の市町村合併により流域関連公共下水道を実施していた複数市町村が一つの市になる事例がいくつか出てきました。その結果、頭を悩ます問題が発生しました。

皆さん、流域下水道の法律の規定を覚えていますか？「2以上の市町村の下水を受け入れる」でしたよね。この規定に従うと、この下水道は、流域下水道ではなくなり、公共下水道になってしまいます。そのため、市が自ら下水道施設の整備や管理をしなければならないという問題が生じました。このような市では移管の手続きや財政措置、人員の確保などに大変苦労することとなりました。本当に法律とは厄介なものですね。

◆流域下水道の創設

昭和33年4月、今日の下水道法の原型となった新下水道法が施行されましたが、この法律で下水道として規定されたものは、公共下水道と都市下水路の2種類でした。ただし、2以上の市町村にまたがる公共下水道については、要件が満たされれば都道府県が行うことができるようになっていました。

その後、昭和45年の下水道法の改正時に流域下水道が創設されることになるのですが、流域下水道の創設には多大な努力と大変な苦労を要しました。

この難題に取り組み、流域下水道を実現させた最大の功績者は、初代建設省下水道部長の久保赳《たけし》氏です。昭和34年からイギリスに留学していた久保氏（当時は建設省土木研究所下水道研究室長）は、欧州の下水道を視察して、広域的な下水道整備がわが国にも必要であるとの認識を強く持ち、流域下水道構想を思い描き、その創設に奮闘することとなりました。

その際、この流域下水道構想により整備するのがふさわしい地域として検討の俎上《そじょう》に載ったのが、大阪府の寝屋川流域でした。当時、東大阪地域を流れる寝屋川は、下水そのものが流れているような状況でした。ある時、この川に落ちた人の助けを求める声に10人ほどが駆け付けたそうですが、あまりの汚さに飛び込むことをためらったという出来事もあったそうです。同時に浸水対策も切実な課題でした。

そこで、昭和39年、大阪府土木部は下水道整備計画策定のための調査を実施し、この地域では各都市の市街地が連坦《れんたん》している（行政区域をまたいで建物や街区がつながっている）ことなどから流域下水道として整備することが妥当であるとの結論に至りました。

そのとき、大問題となったのが、誰が事業主体になるかということでした。これほどの大事業は大阪府でなければできないと考えられましたが、当時、下水道の事業主体は原則市町村でしたので、自治省（現：総務省）や大蔵省（現：財務省）の同意は得られず、大阪府自身も消極的でした。しかし、久保氏の多方面にわたる度重なる説得により、やっとのことで大阪府が事業主体に決定しました。

そして、昭和40年、寝屋川流域においてわが国初の流域下水道事業が始まることとなりました。その後、昭和41年には埼玉県荒川左岸流域下水道、大阪府と兵庫県の猪名川流域下水道、昭和42年に大阪府の安威川流域下水道、昭和43年には東京都多摩川流域下水道に着手しました。

このようにして実質的に流域下水道事業が実施されましたが、流域下水道が下水道法で明確に位置付けられたのは、寝屋川流域下水道の着手から5年が経過した昭和45年の下水道法改正時でした。

流域下水道の創設は、久保氏の粘り強い交渉の賜物です。いつの時代においても新たなことを始めるのは並大抵のことではありません。将来を見通す想像力とその思いを具現化する創造力、そして、信念に基づく行動力が必要です。

また、この時の法改正により、下水道の役割として「公共用水域の水質の保全に資すること」が追加されました。流域下水道は、この役割を果たすための効果的な手法となりました。

◆都市下水路とは

主として市街地における下水を排除するための下水道（下水道法第二条五号）です。

「下水を排除する」となっていますが、一般的には雨水を排除するために整備されます。管理者は、原則として市町村です。また、最小規模が決められていて、最上流端の管渠の口径は500㎜以上で、かつ雨水の排除をすることができる地域の面積は10ha以上と決められています。

次に、下水道以外の汚水処理施設を簡単に紹介していきましょう。

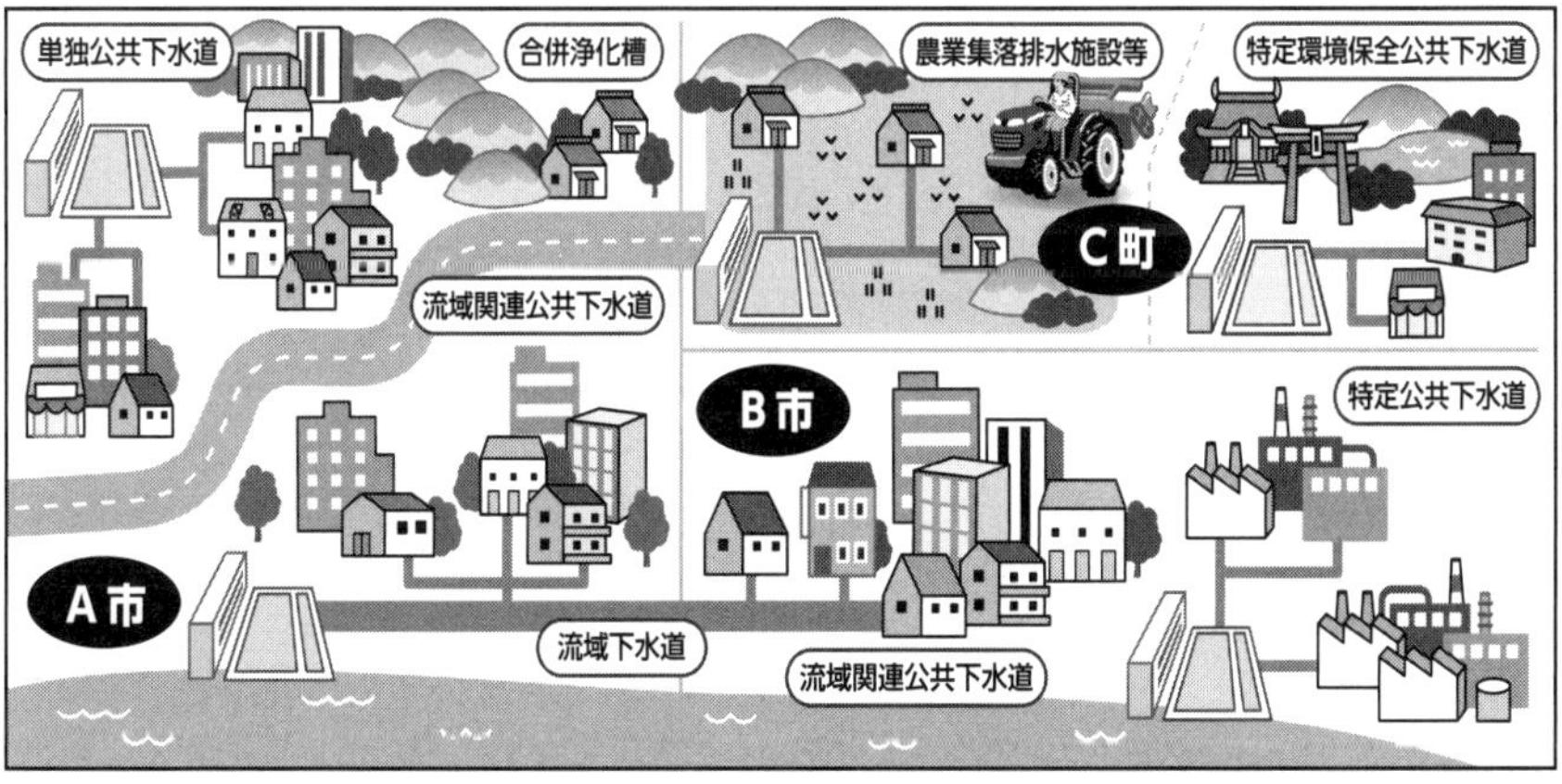

図８　下水道とその他の汚水処理施設

◆多岐にわたる汚水処理施設

わが国の生活排水等の汚水を処理する施設は下水道だけではありません。たくさんの種類の施設があります。

これらの施設を汚水の収集方法で大別すると、下水道のように複数の家庭等から汚水を集めて処理をする「集合処理方式」と各家庭等で個々に処理する「個別処理方式」があります。

「集合処理方式」には、国土交通省所管の下水道、農林水産省所管の農業集落排水施設、水産庁や林野庁がそれぞれ所管する漁業集落排水施設と林業集落排水施設、さらに、総務省や環境省所管の施設もあります。

一方、「個別処理方式」には、総務省所管の施設もありますが、主なものとして環境省所管の合併処理浄化槽があります。

しかし、所管省が異なる、これほど多岐にわたる汚水処理施設をバラバラに設置していては、効果的で効率の良い汚水処理はできません。

そこで関係省が連携し、平成2年に、都道府県に対して、各種汚水処理施設の特性等を勘案した総合的な整備計画を市町村とともに策定するよう通知を発出しました。この整備計画は、「都道府県構想」と呼ばれています。

普及状況

990万人が待っている

では、ここから下水道の普及と施設の整備状況についてお話ししましょう。

わが国で下水道事業を実施している地方公共団体は、令和2年度末で、公共下水道が1429団体（全国の市町村数1719〈東京都区部は1市扱い〉）、流域下水道が42都道府県です。これらの地方公共団体により下水道の処理場や管渠などの施設が整備され、下水道の恩恵を受けることができる国民が増えてきています。

まずは、下水道の普及状況（普及率）についてお話しします。

下水道の普及率の代表的な指標は、国民の何人分の汚水を処理できるようになったかを表す「下水道処理人口普及率」です。そのほか、下水道のもう一つの役割である浸水対策の達成率もあります。

では、代表的な指標である下水道処理人口普及率を見てみましょう。

◆下水道処理人口普及率

令和2年度末の下水道処理人口普及率は、全国で80・1%です。1億123万人の国民が下水道を使用できるまでに整備が進んでいます。

では、都道府県別の下水道処理人口普及率はどうなっているのでしょうか。表1をご覧ください。皆さんが住んでいる都道府県の普及率はどれくらいになっていますか？

整備開始が早かった東京都や横浜市、大阪市などが位置する都府県は普及率が高く、東京都は99・6%、神奈川県は96・9%、大阪府は96・4%、京都府は95・1%、兵庫県は93・5%となっています。

ちなみに、人口が多

都道府県名		下水道処理人口普及率	都道府県名		下水道処理人口普及率
1	東京都	99.6% (99.8%)	25	岡山県	69.1% (87.6%)
2	神奈川県	96.9% (98.2%)	26	栃木県	68.2% (88.0%)
3	大阪府	96.4% (98.1%)	27	山口県	67.3% (88.1%)
4	京都府	95.1% (98.4%)	28	山梨県	67.1% (84.4%)
5	兵庫県	93.5% (98.9%)	29	秋田県	67.1% (88.4%)
6	滋賀県	91.6% (99.0%)	30	静岡県	64.3% (82.9%)
7	北海道	91.6% (95.9%)	31	長崎県	63.7% (82.5%)
8	富山県	86.4% (97.4%)	32	茨城県	63.5% (86.0%)
9	石川県	84.8% (94.7%)	33	佐賀県	62.7% (85.5%)
10	長野県	84.3% (98.0%)	34	岩手県	61.8% (83.6%)
11	福岡県	83.1% (93.4%)	35	青森県	61.7% (80.9%)
12	宮城県	82.9% (92.8%)	36	宮崎県	60.8% (87.8%)
13	埼玉県	82.4% (93.1%)	37	三重県	57.8% (87.6%)
14	奈良県	81.9% (89.8%)	38	愛媛県	56.1% (81.1%)
15	福井県	81.6% (96.7%)	39	群馬県	55.1% (82.6%)
16	愛知県	79.9% (91.8%)	40	福島県	54.5% (84.6%)
17	山形県	78.1% (93.6%)	41	大分県	52.2% (79.0%)
18	岐阜県	77.2% (93.1%)	42	島根県	50.6% (82.0%)
19	新潟県	77.0% (88.8%)	43	香川県	46.1% (79.6%)
20	広島県	76.4% (89.4%)	44	鹿児島県	42.9% (83.0%)
21	千葉県	76.1% (89.5%)	45	高知県	40.8% (75.8%)
22	鳥取県	73.0% (95.0%)	46	和歌山県	28.5% (67.6%)
23	沖縄県	71.9% (86.7%)	47	徳島県	18.6% (64.6%)
24	熊本県	69.5% (88.1%)	全国		**80.1% (92.1%)**

※(　)内は汚水処理人口普及率

表1　都道府県別下水道処理人口普及率（令和2年度末）

い大都市である東京都23区や20政令市の平均普及率は97・5％と高い普及率になっています。その中でも、横浜市と大阪市は１００％、東京23区と北九州市は99・９％です。

その他の道府県で90％を超えているところは、滋賀県と北海道で、共に91・６％となっています。滋賀県は、近畿圏の約１４００万人の水がめとなっている琵琶湖の水質保全を図るために整備が促進されました。また、北海道の普及率が高いのは、冬の積雪により、し尿の汲み取りが大変であることがひとつの理由であるようです。

最下位は、残念なことに、私の故郷である徳島県の18・６％です。徳島県での下水道整備はなかなか進んでいませんが、下水道整備への取組みが遅かったわけではなく、私の実家のある徳島市では、昭和37年に下水道の供用を開始しています。

◆汚水処理人口普及率

ところで、汚水を処理する施設は下水道だけではありませんでしたよね。ここで、下水道をはじめとする汚水処理施設の普及による汚水処理の状況を表す指標である「汚水処理人口普及率」も見てみましょう。

令和２年度末の汚水処理人口普及率は、92・１％です。人口数でいえば１億１６３７万人となります。汚水処理施設の内訳は、下水道で１億１２３万人（80・１％）、合併浄化槽で１１７５万人（9.3％）、農業集落排水施設等で３２１万人（2.5％）、コミュニティプラント

（コミプラ）19万人（0.1%）となっています。

残念ながら、まだ100%には達していません。

では、残りの7.9%、人口にして約990万人の国民はどのような状況にあるのでしょうか。トイレの排水は、くみ取って、し尿処理場に運ばれ処理されていますが、各家庭の台所や風呂などからの生活排水は、未処理のまま河川などに排出されています。このような状況は、生活環境や水環境にとって良いことではありません。早急に対応して、清潔で快適な環境をつくり上げなければなりません。

◆都市規模別に見る汚水処理人口普及率

次に、都市の人口規模別に汚水処理人口普及率の状況を見てみましょう。図9を見てください。都市規模が大きな都市ほど普及率は高くなっています。

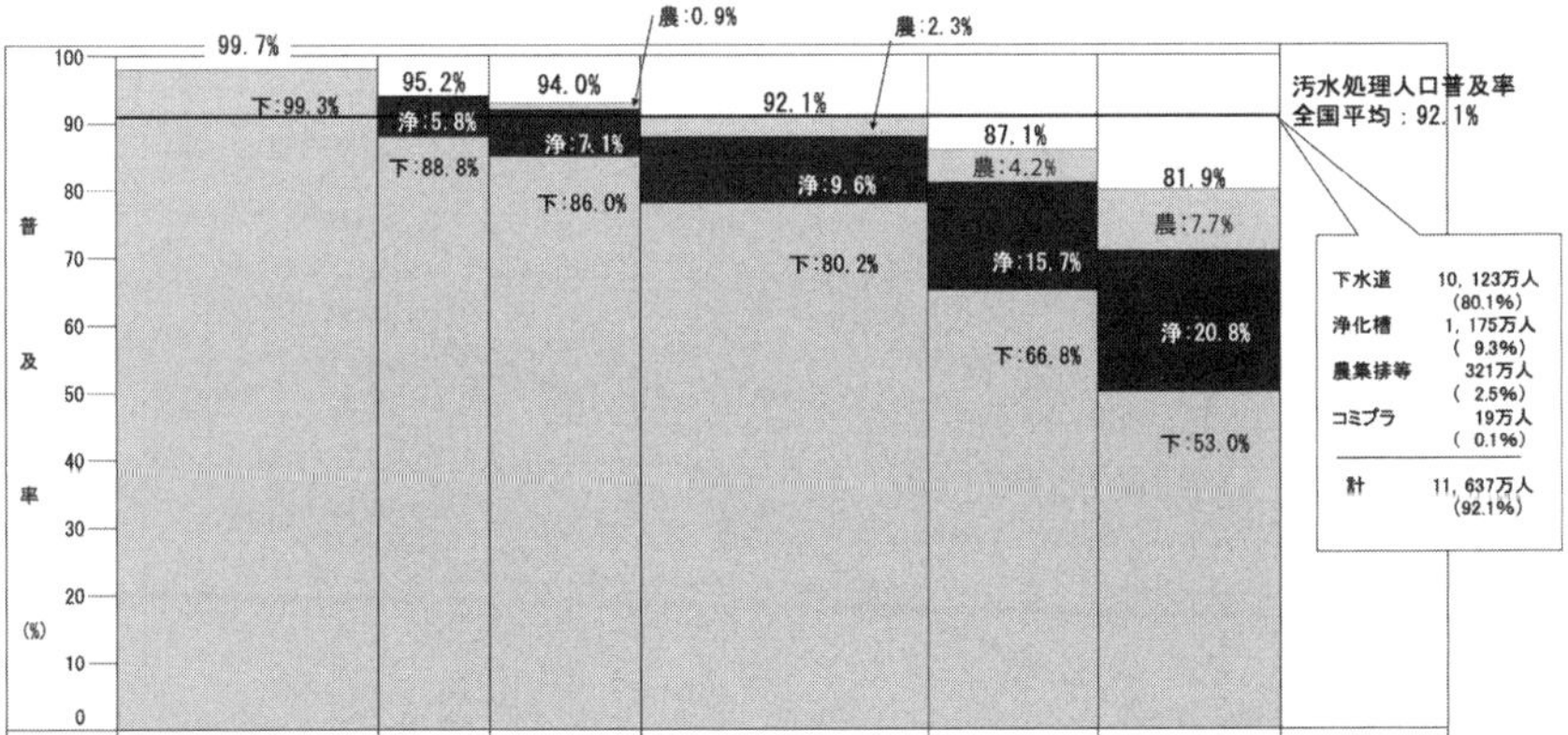

人口規模	100万人以上	50～100万人	30～50万人	10～30万人	5～10万人	5万人未満	合計
総人口（万人）	2,992	1,115	1,747	3,040	1,745	1,993	12,631
処理人口（万人）	2,982	1,061	1,643	2,801	1,520	1,631	11,637
市町村数	12	16	45	189	249	1,206	1,717

（注）1．総市町村数1,717の内訳は、市 793、町 741、村 183（東京都区部は市数に1市として含む）
2．総人口、処理人口は1万人未満を四捨五入した。
3．都市規模別の各汚水処理施設の普及率が0.5%未満の数値は表記していないため、合計値と内訳が一致しないことがある。
4．令和2年度調査は、福島県において、東日本大震災の影響により調査不能な町（大熊町、双葉町）を除いた値を公表している。

図9　都市規模別汚水処理人口普及率（令和2年度末）

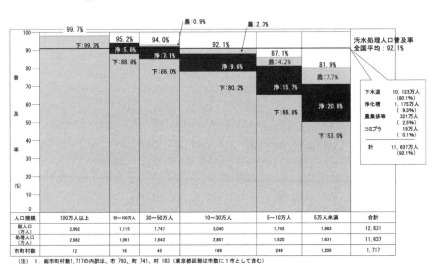

人口１００万人以上の12都市での平均普及率は99・７％ですが、人口規模が５～10万人の都市では87・１％、５万人未満の都市では81・９％と全国平均92・１％をかなり下回る普及状況になっています。今後はこのような都市の未普及状況を一日も早く解消する必要があります。

◆下水道処理人口普及率の推移

最後に、下水道処理人口普及率の年度ごとの推移を見てみましょう。図10は昭和36年以降の普及率の推移グラフです。

昭和36年の下水道処理人口普及率は６％でしたが、その後、毎年１～２％の割合で普及率が向上し、私が建設省（当時）に入省した昭和55年度末には30％となりました。当時の最下位は、島根県と佐賀県で１％、ちなみに徳島県は８％で、東京都でしたら66％でした。

また、この年度は、下水道処理人口普及率が０％である県が無くなった年でもあり、山口県和木町が

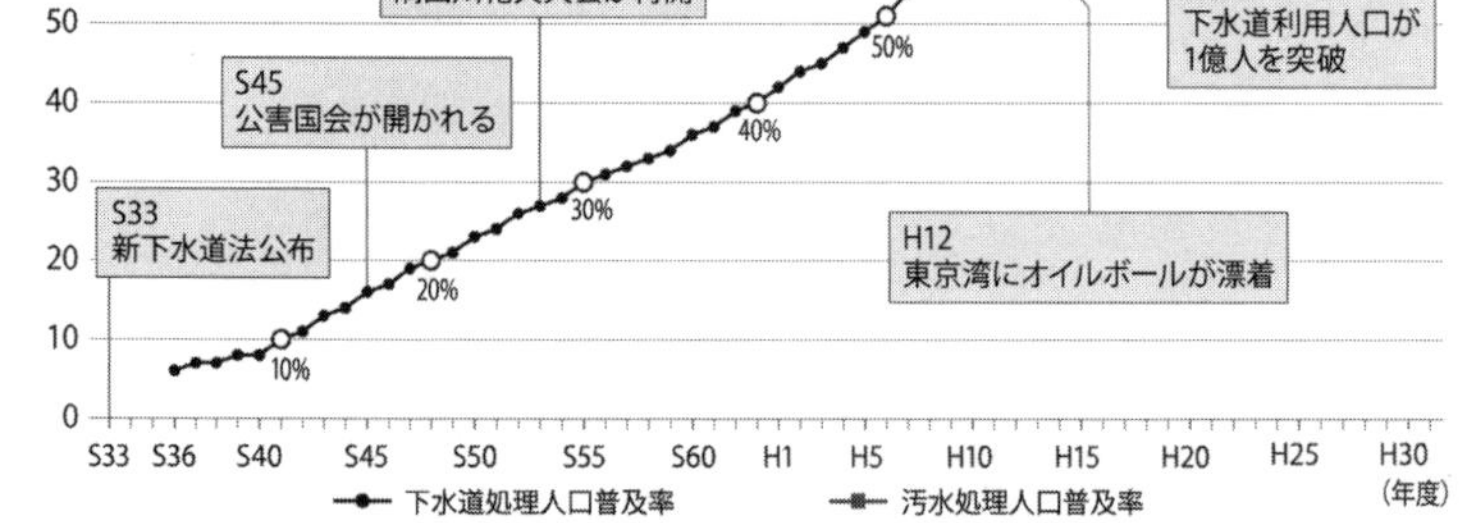

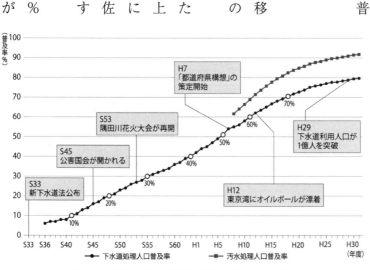

図10　下水道処理人口普及率・汚水処理人口普及率（%）

「町」で初めて普及率１００％を達成した年でもありました。

参考までに、各年度の増加した処理人口数を見てみますと、昭和36～40年度までは、50万～70万人ほどの増加でしたが、その後、平成20年度までは、大雑把にみて１２０万～２５０万人ほどの増加が見られました。なお、増加処理人口の最大は、平成６年度の約３１４万人でした。なお、ここ10年ほどは、毎年0.5％の伸びとなっています。

◆諸外国の下水道処理人口普及率

わが国の下水道処理人口普及率は80・１％ですが、海外の国々の普及率も気になりますよね。参考までにいくつかの国の最新の普及率を列挙しておきましょう。

アメリカ76％、イギリス（イングランドとウェールズ）１００％、フランス81％、ドイツ97％、イタリア63％、中国55％、韓国94％、ベトナム1.7％、タイ26％、インド18％、インドネシア1.2％、南アフリカ57％、ブラジル49％です。

◆都市浸水対策達成率

次に、下水道のもう一つの役割である雨水の排除、つまり、浸水を防ぐための整備がどの程度進んでいるかを表す指標「都市浸水対策達成率」についてお話ししましょう。

都市浸水対策達成率は、下水道による浸水対策の進捗状況を表す指標で、下水道処理人口普及率とは別の、もう一つの代表的な普及率です。下水道による雨水の排除を実施する計画地域の全面積に対して、整備が完了した地区の面積の割合を表したものです。雨の降り方は大小さまざまですが、この指標で表す施設の整備レベルは、おおむね5年に1回の頻度で降る大雨を対象としています。

おおむね5年に1回の頻度で降る大雨とは、どの程度でしょうか。雨の降り方は、降雨強度（1時間に降る雨の量）で表現します。雨の降り方は地域によって異なりますから、全国的に見ると、降雨強度は25～85㎜／時です。例えば、東京都では55・6㎜／時、名古屋市では52㎜／時です。

都市浸水対策達成率は、令和2年度末時点で全国平均で約60％となっています。まだまだ整備が完了していませんが、今や100年に1回程度の豪雨がわが国のどこかで毎年発生している現状を考えれば、対策の対象が5年に1回の大雨では心許ない気がします。対策の対象とする大雨のレベルを「10年に1回」、「50年に1回」など、もっと上げる必要があるでしょうね。

ちなみに、気象庁では1時間に30～50㎜の雨をバケツをひっくり返したように降る「激しい雨」、50～80㎜の雨を滝のように降る「非常に激しい雨」、80㎜以上は息苦しくなるような圧迫感があり、恐怖を感じる「猛烈な雨」と表現しています。

つくって終わりじゃ困ります

さて、下水道施設の整備量についてです。下水道の主な施設は、処理場と管渠です。皆さん、全国に処理場がどのくらいあるのか、また、管渠の総延長がどの程度なのか想像できますか？

◆処理場の整備状況

現在、稼働している（処理場が完成して運転を始めることを「供用を開始する」といいます）処理場は、全国で約２２００カ所です。

供用開始した処理場数とその累計数を年度別に図11にまとめました。各年度ごとの処理場数は、昭和34年より徐々に増え始め、平成12年度にピーク（汚泥処理および有効利用施設のみの処理場を含むと１４４カ所）を迎え、その後急速に減

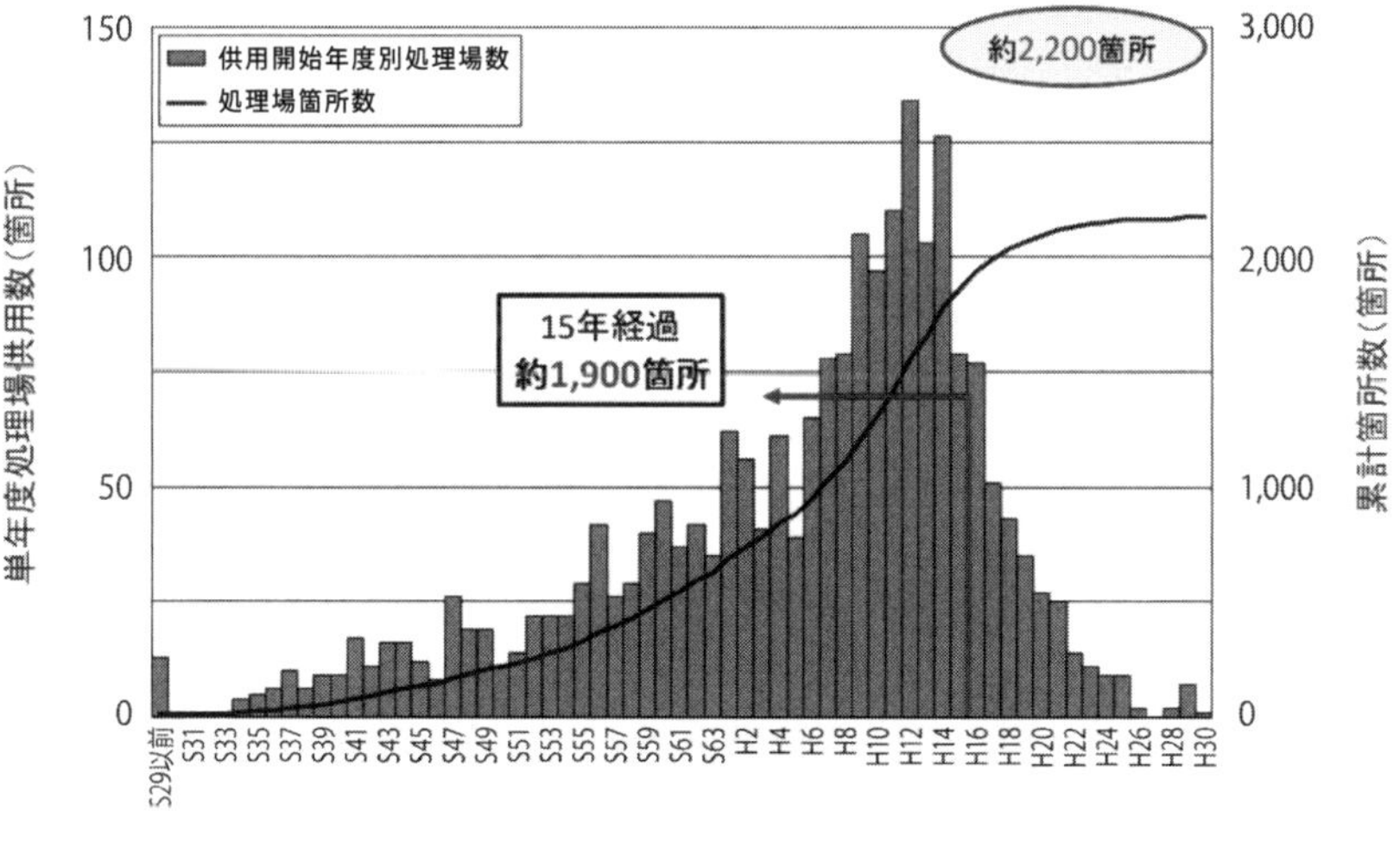

図11　処理場の年度別供用箇所数（令和元年度末）

少しています。そして、今では新たな処理場の建設はほぼ終了したと思われます。

ちなみに、他の汚水処理施設の数は、農業集落排水施設が約５０００カ所（約９００市町村）、合併浄化槽が全国で約３８２万２１００基です。

◆管渠の整備状況

下水管渠、正確にいうと「管路施設」ですが、その整備量は、約48万kmです（図12）。どれほどの長さなのか分かりますか？

なんと、地球を約12周もする長さです。また、地球から月までの距離は約38万kmですから、管渠をつなげてまっすぐに延ばすと月を遥かに通り過ぎてしまいます。月までの距離といってもなかなか実感できませんね。例えば、時速３００kmの新幹線だと月に到着するまで約53日、１日24時間休むことなく歩き続けたとすると約11年もかかります。

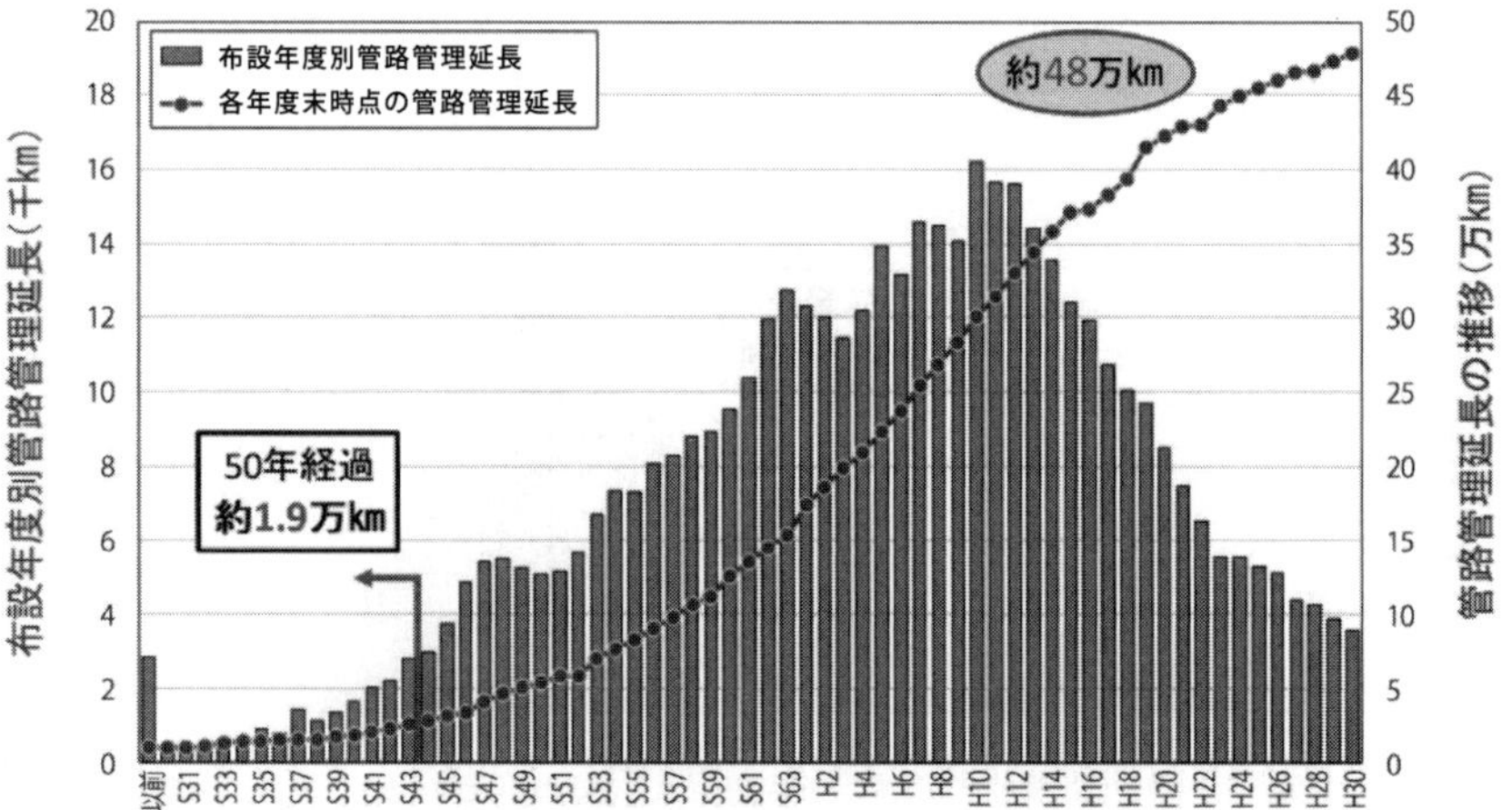

図12　管路施設の年度別管路延長（令和元年度末）

また、都市別に管渠の整備量を見ますと、東京都区部では、約1万6０００㎞（東京―ロサンゼルス間の往復距離です）、横浜市では、約1万1９００㎞、大阪市では約４９５０㎞です。ちなみに、水道管の延長は、下水の管渠より長くて約72万６８００㎞（令和元年度末）です。

（参考）「管路」と「管渠」の違い
「管路」とは、管渠、マンホール、雨水吐き、吐口、ます、取付け管などの総称です。「管渠」とは、管そのもののことです。「管渠」を厳密に説明すると、「汚水や雨水をポンプ場、処理場、または放流先まで円滑に流させる管路施設のうち、主にマンホールとマンホールの間を結ぶ地中埋設管」のことです。

◆施設は改築・更新が必須

ところで、下水道事業は、下水道施設を整備すればそれで終わりではありません。整備した下水道システムを稼働させることによりその役目を果たせるのですから、施設が完成してからが下水道事業の本番です。

そして、整備した施設は、日々維持管理に努めていても、いつかは施設の取り換え（改築・更新）が必要になります。

処理場に設置されている機械や電気設備などの機器類や管渠などの施設の取り換え時期が何年後に来るかというと、機器類の使用可能な年数は15年、管渠は50年といわれています（この年数のことを「耐用年数」といいます）。

図11、12を見てみると、耐用年数（15年）が経過している処理場は、全国約２２００カ所のうち、既に約１９００カ所もあり、管渠で耐用年数が50年を経過したものは約1.9万kmあることが分かります。整備済みの約48万kmと比べるとまだまだ少ないと感じるかもしれませんが、日本からブラジルまでの距離に相当します。さらに、今後急速に増加し、10年後には6.9万kmとなり地球1.7周分、20年後には地球４周分に相当する16万kmにもなってしまいます。

１日も休むことが許されない下水道システムを常に最適な状態に維持するためには、下水道施設の耐用年数に合わせて、改築・更新をしなければなりません。そのためには費用がかかります。これは本当に大変なことです。

これまでに下水道施設の整備につぎ込まれた全費用はいくらだと思いますか。

その全費用は、なんと約98兆円（粗資本ストック〈内閣府調べ〉）です。その内訳について、処理場で約25兆円、管路で約70兆円、その他３兆円と私は推測していますが、今後の改築・更新にもほぼ同様の多額な費用が必要になると考えられます。

また、事業に携わる優秀な人材も必要です。さらに、下水道システムをなお一層効率的に稼働させるための技術開発も進めなければなりません。これらは今後の下水道事業に課せられた非常に重要な課題です。この課題を克服し、下水道システムを適切に稼働させ続けられるかどうかは、今後下水道事業に従事する読者の皆さんにかかっています。

下水を集める・流す

Step.3

合流式・分流式

合流、分流どちらが最適？

まずは、今までにお話しした内容を復習しましょう。「下水」とは、何か覚えていますか？家庭や事務所、工場等から排出される「汚水」と「雨水《うすい》」の両方を表す言葉でしたね。そして、下水道とは、この「下水」を排除し、処理をして、「都市の健全な発達と公衆衛生の向上に寄与し、公共用水域の保全に資する」ことを目的として整備される施設でしたね。また、下水道とは、汚水や雨水を集めて流す「管渠《きょ》」と汚水をきれいにして公共用水域に放流する「処理場」とで構成されるシステムのことでもあります。

では、この下水道システムについて少し詳しくお話をしましょう。まずは、下水を集める方式の話から始めましょう。

◆下水を集める二つの方式

さて、この下水を集めるシステムには、「合流式下水道」と「分流式下水道」と呼ばれている二つの方式があります。

どのような方式なのか説明しましょう。図13も参考にしてください。

まず、合流式下水道とは、汚水と雨水を一本の管渠（合流管）で集める方式です。雨が降らない時は、管渠に流入する下水は汚水だけです。この汚水は、処理場まで運ばれ処理されて、河川や海に放流します。雨が降ると雨水もこの1本の管渠に流し込みます。つまり、汚水と雨水を「合わせて」、つまり「合流させて」街から排除します。

次に、分流式下水道とは、汚水と雨水を別々の管渠（それぞれ「汚水管」、「雨水管」と呼びます）に集めて、まさしく名称のごとく「分けて」集め、流します。汚水は処理場まで運んで処理し、一方で、集めた雨水は、適切な数カ所の場所から河川や海に排出します。

なぜこのような二つの形式の下水道があるのでしょうか？ここにも歴史があります。

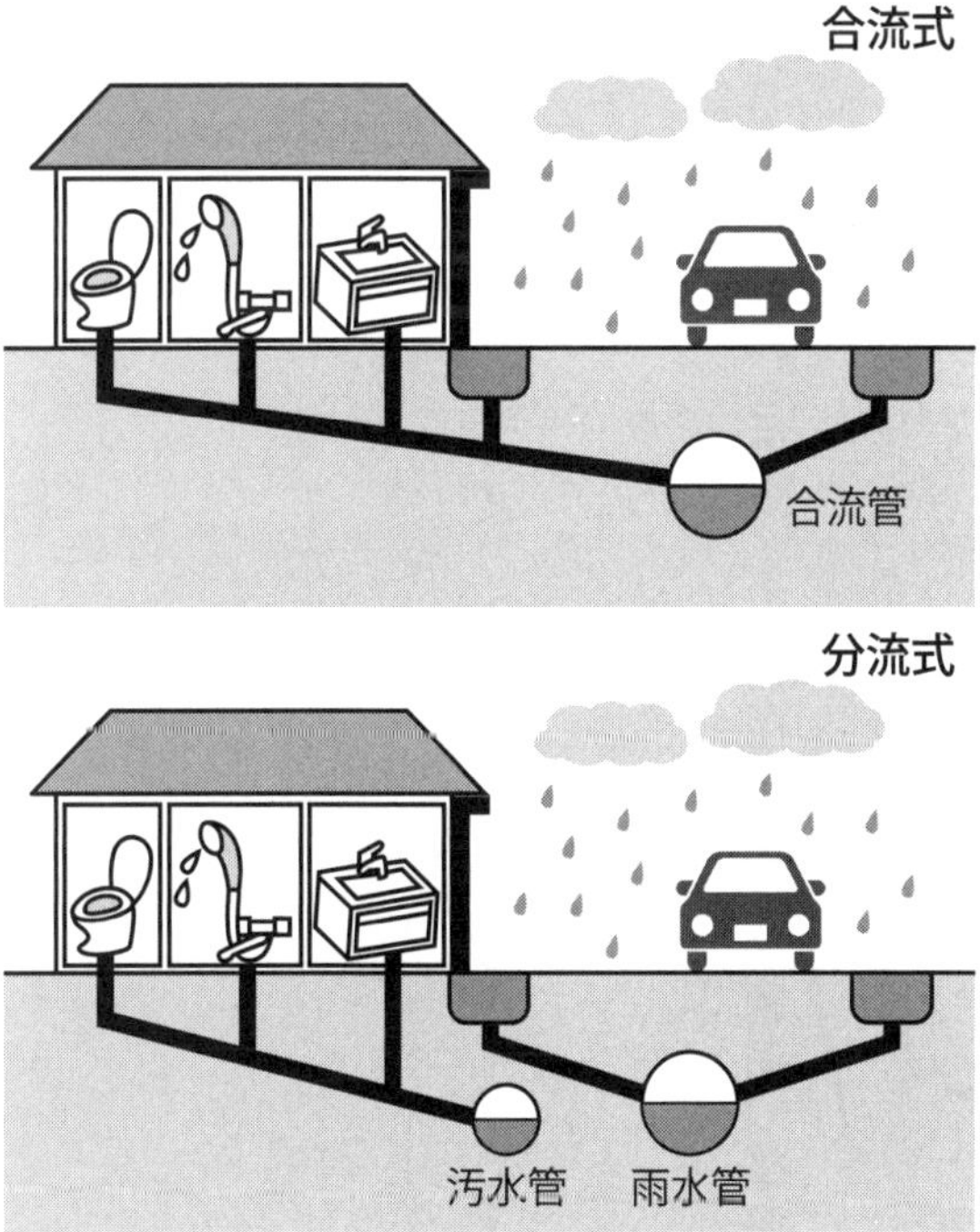

図13　合流式下水道（上）と分流式下水道

◆合流式か?分流式か?

わが国の下水道は、合流式から始まりました。

明治17～18（１８８４～１８８５）年に建設された近代下水道の創始といわれる神田下水は、合流式でした。その後、明治20年代、衛生工学の専門家としてイギリスから招聘したバルトンは、わが国における下水の収集方式について、分流式による下水道整備を推奨しました。

その理由は、

①雨水排除は既存の水路等で可能であり、汚水のみを排除する口径の小さな管渠の整備で済むため経済的である

②汚水は市街地から遠く離れた河川や海に放流することになるため、合流式であると大きな口径の管渠を延々と敷設しなければならず経済的でない

③合流管では晴天時の流量が少なく、下水中の固形物が溜まりやすい

というものでした。

明治22（１８８９）年、東京市においてバルトンが分流式下水道での整備計画を提案しましたが、この計画は実行されませんでした。その後、明治40（１９０７）年に本格的な下水道整備を開始することとした東京市は、再検討の結果、合流式での整備を採用しました。

その理由として、
①既設の雨水排除が不十分であり、その増強が急務である
②汚水の量は雨水に比べて少量であるため、管渠を2本設置するよりは、合流管で十分汚水の排除も可能であり、工事費が低廉である
③管渠内の堆積物が降雨時に洗浄され、管渠内が衛生的に保たれるとともに、管渠の口径が大きいため維持管理もしやすい
などが挙げられています。

そして、東京市のこの合流式による整備計画は、全国の下水道整備計画に多大な影響を与え、ほとんどの都市で合流式が採用されることとなりました。

ところで、岐阜市は、昭和7年に分流式での下水道整備を決定しています。その時、既に雨水排除の設備がほぼ整備されており汚水対策を講ずればよい状況にあったことから、分流式を採用しました。当時は合流式が全盛時代であったので、内務省（当時）の承認を取るのに非常に苦労したそうです。今の時代もそうですが、例外的なことを始めようとすると国の判断は慎重になるようです。

とにかく、下水の収集システムとしてどちらの方式が優れているのかは一概には決められません。その都市の状況に応じて最適な方式が採用されてきたということです。

◆合流式下水道

合流式下水道での整備を標準とする傾向は、昭和40年代まで続きます。

現在、合流式を採用しているのは、早くから下水道整備に取りかかった東京都、大阪市、京都市など191都市（わが国で下水道事業を実施している1429団体の1割以上）です。

合流式で整備されている面積の割合を代表的な都市で見てみますと、東京都区部で約8割、大阪市でほぼ全域、名古屋市で約6割となっています。また、下水道を利用している国民の約3割（令和2年度末）が合流式で整備された地域に住んでいます。

◆分流式下水道

分流式下水道は、時代が進むと合流式に代わって主流になり、昭和40年頃より多くの地方公共団体で採用されるようになります。

昭和45年に開催された公害国会では、下水道法が大改正され、汚濁が進んだ公共用水域の水質改善を早急に図るための手段として、下水道が重要な役割を担うことになりました。その役割を果たすためには、汚水の処理を急がねばならず、合流式に代わって、汚水管の整備を先行できる分流式が採用されることになったと思われます。

このことは、昭和45年の改正を反映して策定された第４次下水道整備五箇年計画（計画期間：昭和51～55年度）からも見てとれます。この計画では、雨水対策の目標値は設定されず、汚水処理人口普及率の目標値のみが設定されました。具体的には、普及率を23％から40％まで一気に高める計画となっており、汚水処理対策の促進が重要視されていたことが分かります。

ちなみに、この五箇年計画において雨水対策の目標が明記されたのは昭和61年度を初年度とする第６次下水道整備五箇年計画からでした。

◆合流式下水道での疑問：どうやって処理するの？

ところで、気が付いた方もいると思いますが、合流式下水道では、雨が降ると汚水の量とは比べものにならないほどの大量の雨水が管渠に流れ込んできますね。そのような大量の下水をどのようにして処理するのか疑問に思いませんか。

汚水に大量の雨水が混じった下水を全量処理しようとすると非常に大きな処理場をつくらなければなりません。晴天時には汚水だけを処理すればよいのに、時々降る雨（わが国では平均すると３日に１回雨が降っています）のために巨大な処理場をつくるのは無駄ですし、非現実的です。

では、合流式下水道では、雨天時の下水処理をどのようにするのでしょうか。

合流改善はなぜ必要？

◆合流式下水道での下水処理方法

雨天時に集めた大量の下水を、合流式下水道ではどのようにして処理をするのか？その疑問にお答えしましょう。

合流式下水道において、雨天時に集めた大量の下水を全て処理場で処理することは現実的ではありませんね。そこで、下水の一部は処理し、残りの下水は、なんと未処理のまま河川などに放流します。

では、どの程度の下水を処理場で処理するのでしょうか。また、下水を未処理で河川などに放流していいのでしょうか。その処理方法の標準的な考え方は次の通りです。

合流式下水道の処理場は、一日の最大の「汚水量（Q）」を基に処理施設の大きさなどを設計します。これは分流式下水道でも同じです。最大量で設計しないと汚水が溢れてしまいますよね。この最大量を「1Q」としましょう。図14を参照しながら読んでください。

雨が降ると雨水も一緒に処理場に流れてきますから、処理可能な量1Qを超えてしまいます。そこで、1Qは通常の処理をして、1Qの2倍の量である2Qは沈殿処理という簡易な処理だけをして、消毒し河川などに放流します。処理の程度は異なりますが、雨天時には、

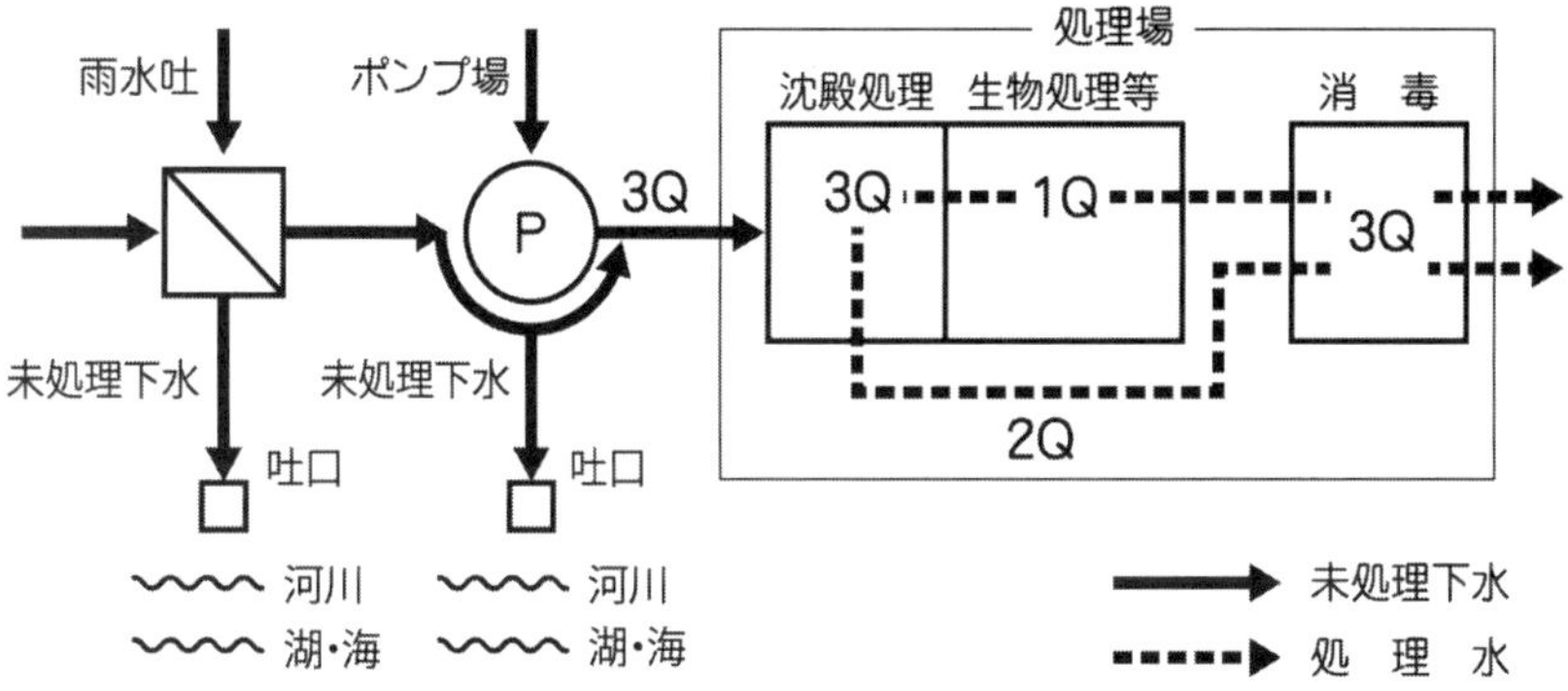

図14　合流式下水道における雨天時処理の概念図

1Q＋2Q＝3Qの下水を処理することになります。

つまり、合流式下水道では、最大汚水量の3倍（3Q）までは処理場で何らかの処理をしようというのが基本的な考えになっています。

では、3Qを超える下水はどうするのかといえば、処理場には流入させないで途中で未処理のまま河川などに放流します。この未処理で放流される下水のことを「越流水《えつりゅうすい》」と呼び、処理場に送る下水と河川などに放流する下水を分ける施設を「雨水吐《うすいばき》」、河川などへの放流口を「吐口《はきぐち》」と呼びます。

しかし、未処理のままで放流するのでは、河川などを汚濁するのではないか？と疑問に思われるでしょうが、次のような理由で問題は少ないだろうと考えられています。

雨が降ると時間の経過に伴い、処理場に流入する下水の量が増えていきます。降雨の初期の下水は、管渠の中に溜まっていた汚濁物質も含んで流れてくるので、汚水が雨水で希釈されるとはいえ、それなりに汚れている下水です。

したがって、何らかの処理が必要と考え、簡易な処理（沈殿処理）をします。その後は、雨水の量が増えて同時に流れてくる汚水は希釈されて薄くなるので、未処理のまま河川などに放流しても大丈夫だろうという考えです。

このような発想で合流式下水道における下水処理の方法が考案されました（俗に「3Q方式」と呼ばれています）。

いかがですか。なかなか合理的な考え方ではないでしょうか。ところが、平成の時代になると合流式下水道からの越流水が社会問題化してきました。

◆合流式下水道の改善

合流式下水道は、地域の状況と時代によって合理的な方式として採用されてきましたが、わが国の人口が増え、都市への人口集中が起こり、同時に公共用水域の保全の意識が高まるにつれて、越流水による公共用水域への影響や病原性微生物による衛生上の問題が懸念されるようになりました。また、吐口付近での臭気や越流水に混じっているトイレットペーパーなどのゴミ（「夾雑物《きょうざつぶつ》」と呼びます）が川岸に付着して美観を損ねるなどの問題が指摘されるようになりました。

このため、国は平成10年頃から合流式下水道の改善対策（「合流改善」と呼びます）に乗り出します。このような状況の中、平成12年頃には東京都のお台場海浜公園に豆粒大から30

cm程度の大きさの白い色をした固まりが大量に漂着するようになり、マスコミでも取り上げられ大騒ぎになりました。この固まりは「オイルボール」と呼ばれ、管渠内に付着していた油脂分が越流水とともに流出したものでした。これを機に合流式下水道の改善対策が急がれることとなりました。

ここで、合流式下水道の改善がどのように実施されてきたのか簡単に説明しましょう。国により当面の改善目標として、

・「汚濁負荷量の削減」として、分流式下水道と同等の汚濁負荷量に抑制すること

・「公衆衛生の安全確保」として、吐口からの越流回数を半減させること

・「夾雑物の削減」として、その流出を防止すること

が目標として設定されました。

この目標を達成するためにさまざまな対策が取られることになりました。例えば、汚濁負荷の削減策として、雨天時に河川などに放流していた未処理の下水を貯留する施設をつくり、この貯留した下水を晴天時に処理場に送り、処理するという方法が取られています。

写真４　オイルボール（左）と缶コーヒーの大きさ比較
（提供：東京都下水道局）

また、夾雑物の流出防止策としては、吐口にスクリーンという網目状の柵を設けたり、雨水吐にゴミと水を分離する簡易な装置を設置しています。さらに、各家庭で雨水を貯めたり、浸透させたりして合流管に流れ込む雨水の量を減らすことも有効な手段になっていま す。なお、合流式下水道の改善は、法律（下水道法施行令）に定められた規定に基づいて実施されています。

このような改善対策の状況ですが、令和2年度末時点で合流式下水道を採用している191都市のうち175都市で対策が完了しており、令和5年度末には全ての都市で対策が終了する予定です。

参考までに、（公社）日本下水道協会が発刊している下水道施設の計画・設計に関する指針で、下水の排除方式についてどのように記載されてきたか、その変遷を紹介しましょう。

初版となる昭和34年版『下水道施設基準』では、下水の排除方式は「地形、在来雨水排除施設利用の可否、その他の条件により定めなければならない」とされており、合流式と分流式のどちらの排除方式を優先すべきかは示されていませんでした。その後、昭和47年の改定では、指針の名称が『下水道施設設計指針と解説』と改名されましたが、下水の排除方式は「原則として分流式とする」となりました。この方針は、『下水道施設計画・設計指針と解説―2019年版―』にも引き継がれています。

管路の仕組み

ウンチの旅の始まりです

皆さんの家庭のトイレや台所、風呂などからの排水はどのようにして下水道に流し込まれ、処理場まで運ばれていると思いますか？

ここからは、汚水をどのように集めて、処理場まで流すのか、そして、雨水の排除と貯留の方法など管渠の仕組みや構造について詳しくお話しします。下水を集める方式には合流式と分流式がありますが、ここでは主に分流式を取り上げてお話しします。

さて皆さん、朝目覚めて、まずはトイレにお世話になりますよね。皆さんにとっては、トイレでウンチを済まして、レバーを回して、あるいはボタンを押して、流して万事終了でしょうが、ウンチにとってはここからが旅の始まりです。どのような旅になるのか、その行程をたどってみましょう。

◆家庭内から下水管渠まで

では、図15を見てください。トイレから流された汚水は、台所や風呂からの汚水と合流して、一旦私設の「汚水ます」に入ります。その後、公共の「汚水ます」に流れ、「取付け管」によって、道路に埋設されている「汚水管」に流し込みます。

ところで、「ます」というとお酒を飲むときに使う木製の枡を思い浮かべた方もいらっしゃるかもしれませんが、その枡ではありません。「汚水ます」とは、内径が30~70cm、高さが70~１００cmほどの大きさのもので、コンクリート製とプラスチック製のものがあります。

雨水も同様に、屋根に降った雨は樋《とい》を伝って、地面に降った雨は道路側溝などから「雨水ます」を経て、雨水管に流れます。住宅などから下水管渠までの設備を「排水設備」といって、これは個人が管理する施設となります。

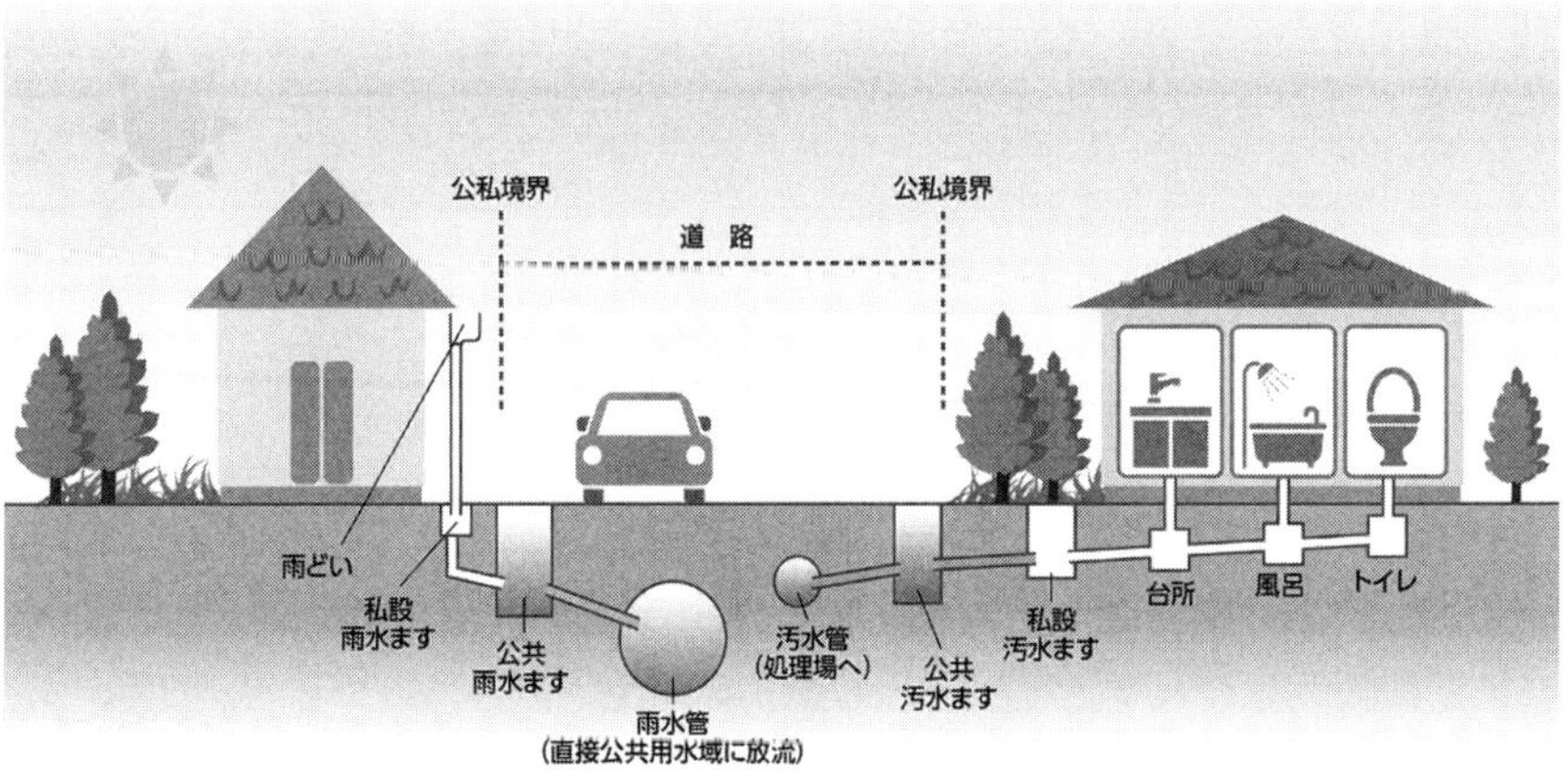

図15　汚水の流れ（家庭内から管渠まで）

ここで気を付けなければならないのは、汚水や雨水を接続する「ます」を間違えないことです。特に、雨水を流す管を「汚水ます」につないでしまうと、雨が降った時に処理場に流入する下水が大量に増えて、下水処理に影響が出てしまいます。このように宅内での排水管の誤接合により汚水管に流れ込んだり、雨天時にマンホールの蓋の穴などから流れ込む雨水、汚水管と汚水管の接続部分や汚水管が破損した部分から流れ込む地下水などを「不明水」と呼んでいます。簡単に言うと、汚水管に流れ込んでくる汚水以外の水のことです。この不明水をなくすための対策には長い間、頭を悩ませています。

ところで、洗面所や台所の流し、風呂などの排水口は、下水が流れている汚水管につながっているわけですから、臭気が排水口から漏れ出てきて、クサイにおいが部屋の中に漂ってきそうですよね。場合によっては、ネズミが這い出してくるかもしれません。どのようにして防いでいるか気になったことはありませんか。

その工夫を知るためには、洗面台の下を覗いてみてください。排水管は真っ直ぐでよさそうなのに、図16のように不思議な形に曲がっていますよね。実はこれこそがにおいを防ぐ仕組

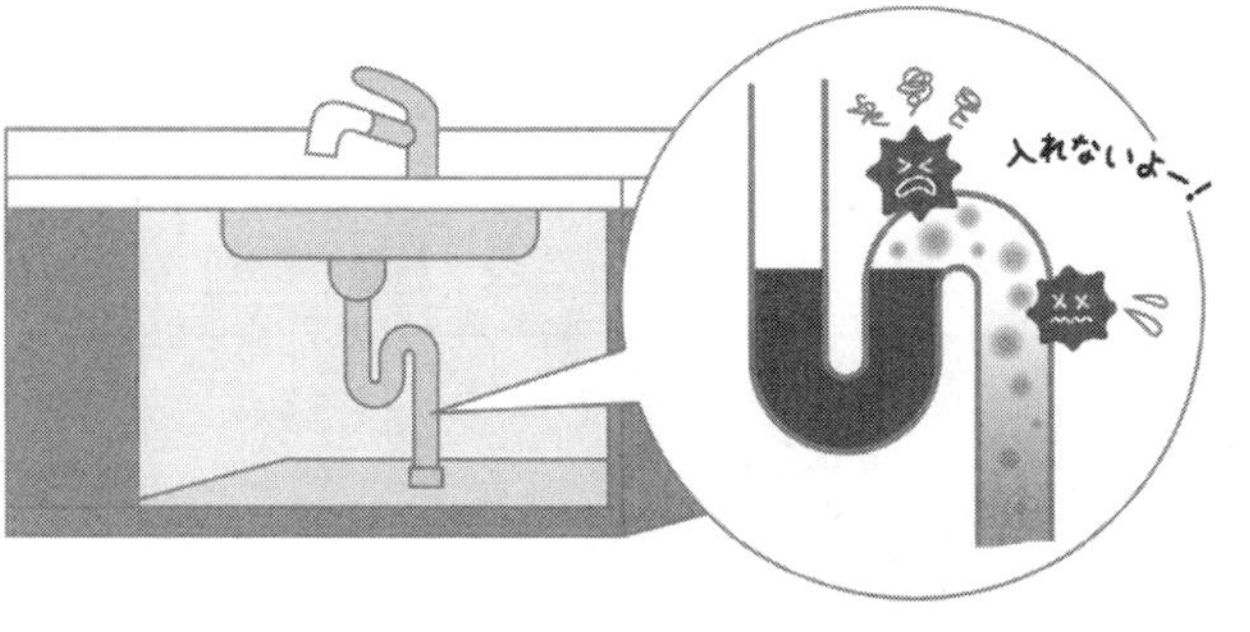

図16　においを防ぐ仕組み

みなのです。

洗面台から流した排水の一部が、この曲がった部分に溜まる構造になっています。この装置を「トラップ」といいますが、曲がった部分に水が溜まることによって、臭気や害虫などが家の中に侵入してくるのを防いでいるのです。

余談ですが、ネズミは垂直に設置された管を這い上がることができますが、太い管だと体を支えられずに滑ってしまい上りにくくなります。排水管として使われる口径が10㎝程度の管だと70㎝ほど這い上がることができるそうなので、排水口につながる管を垂直に設ける場合は、口径10㎝以上で、70㎝より長い管を使用するのが良いですね。ちなみに、ネズミは穴の大きさが2㎝もあれば通り抜けられるそうです。

◆下水管渠から処理場まで

管渠での下水の流し方は、原則、自然の力を利用します。管渠に勾配を付けて、重力により下水を流す方式で、「自然流下方式」といいます。動力（エネルギー）を使わないエコな方法で、災害時に電力供給が止まっても、管渠が壊れない限り下水を流して排除することができます。

管渠は、勾配を付けて埋設するので、上流から下流に向けて管渠を埋設する深さがどんどん深くなっていきます。遠くの処理場まで一気につなごうとするとかなり深くなります。そうなると、設置工事も厄介で、設置費用も高くなり、あまりに深くなると設置後の管理も難しくなってしまいます。

そこで、ある程度深くなるとポンプで地表近くまで下水をくみ上げて、そこから再び勾配を付けて管渠を敷設していきます。なかなか合理的な方法ですよね。

汚水は、このような旅をして皆さんの家から目的地である処理場に到着するのです。なお、自然流下方式以外にも水中ポンプを設置して汚水を圧送する「圧力方式」や真空ポンプにより汚水を管渠の中に吸引して流す「真空方式」もあります。

以上で、下水を流す標準的な方式は分かっていただいたと思いますが、実際に管渠を設置するには、管渠の勾配をどの程度にするのか、管渠の大きさ（口径）や形はどうするのか決めなければなりませんね。これについては後ほどお話しします。

◆雨水を排除する、貯める

雨水も汚水と同様に、街を浸水から守るため、自然流下方式で集めて直ちに河川や海に放流し、街から速やかに排除しますが、一旦貯留する方法もとられます。汚水に比べて雨水の量ははるかに大量であるため、雨水排除のための管渠は大きくなり、排水のためのポンプ場も必要になりますから膨大な事業費が必要です。

有名な大規模雨水排除施設として、例えば、平成12年度に供用開始した大阪市の「なにわ大放水路」があります。この放水路は、最大口径6.5ｍ、長さ12・２㎞で、住之江抽水所（ポンプ場）から最大75㎥／秒の雨水を放流するもので、総事業費は約９８０億円にも及びます。

また、雨水を貯留する施設の他の例としては、横浜市の新羽末広幹線（最大口径8.5ｍ、長さ20㎞、貯留量41万㎥、総事業費１０００億円）、京都府のいろは呑龍トンネル（最大口径8.5ｍ、長さ９㎞、貯留量約24万㎥、総事業費約４９０億円）などがあります。25ｍプール１杯が約４００㎥ですので、それぞれ相当な量を貯留できることが分かります。

下水道は一日にして成らず

これまでに、下水を各家庭から処理場まで流す手法について説明しました。ここでは、管路施設の構造についてお話しします。「管路施設」とは、管渠、マンホール、雨水吐き、吐口、ます、取付け管などの総称です。

ここでは、汚水を流す管渠とマンホールを取り上げて、どのような構造にしなければならないのか考えてみましょう。

◆汚水管渠を設計する

まずは、汚水管渠です。汚水は自然流下方式で流すことを既に説明しましたね。自然流下方式とは、管渠に勾配を付けて敷設して汚水を流す方式です。

では、どのようにして管渠の大きさ（管径）や敷設時の勾配を決めるのでしょうか。図17を見ながら考えてみましょう。

それには、最初にどれほどの量を流すか（流量）を決めなければなりません。将来を見越した上で、下水道を整備する地域に住む人の数（人口）、工場や事務所などからの下水の量を算出します。

次に、算定した下水の量を流す能力を持つ管渠を設計するわけですが、具体的には、管渠の管径や管渠を敷設する勾配、管渠の種類などを決めます。

〈管径を決める〉

さて、まずは、図17を見てください。これは、道路の下に埋設された管渠のイラストです。管渠に勾配をつけて敷設し、下水を流しています。

ここで少し算数をしてみましょう。

管渠の設計に当たり決める必要のある因数としては、五つあります。それは、管渠の管径（D）、流速（V）、管渠の中を流れている汚水の断面積（A）、水の流れに対して影響する摩擦を発生させる二つの因子である管渠の粗さ（粗度（n））と汚水が管渠に触れている長さ（潤辺長（P））です。

さあ、どの因数から求めていきましょうか？

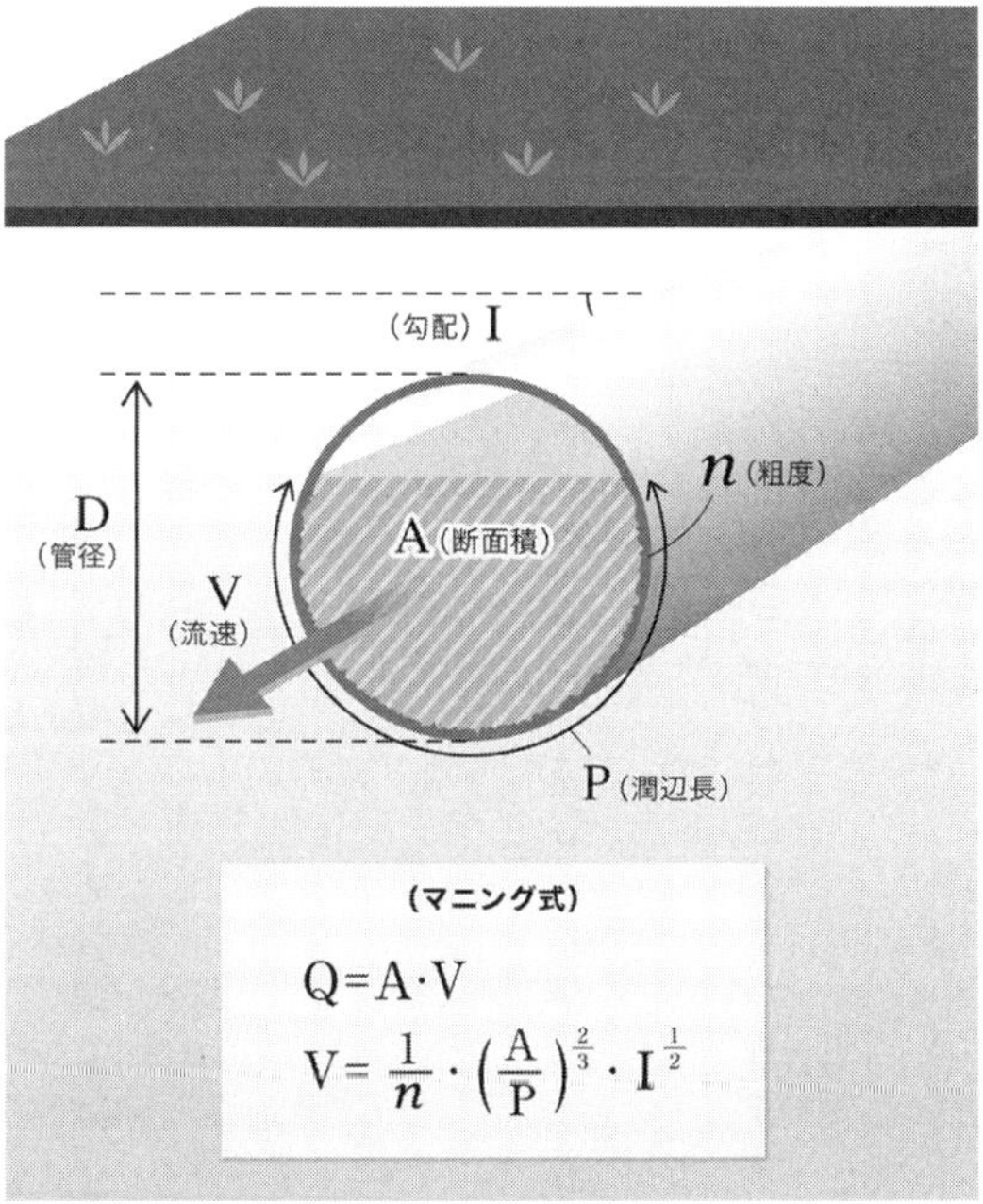

図 17　汚水管渠の設計

$$断面積（A）＝流量（Q）÷流速（V）$$

$$管　径（D）＝2\sqrt{\frac{A+余裕分}{\pi}}$$

図 18　管径の求め方

すでに流量は算定されていますよね。図18を見てください。管渠を流れる流量（Q）は、汚水が流れる断面積（A）に流速（V）をかけると求められますよね。したがって、この流量（Q）を流速（V）で割ると断面積（A）が求められます。これで、断面積（A）が決まります。そこで、管径（D）は、この求めた断面積（A）に余裕分を考慮して決定します。

さて、ここで問題となるのは、流速（V）の決め方です。どの程度の速さにすればいいと思いますか？　遅くていいのか？速いほうがいいのか？　流速が遅いと管渠の底に沈殿物が溜まってしまいますね。逆に、流速が速すぎると汚水の中に含まれている固形物によって管渠を傷つけてしまいます。適切な流速がありそうです。

実際、流速は実験などによって、その範囲が決められています。その範囲は、最小流速0.6m／秒、最大流速3.0m／秒となっていて、推奨されている流速は、1.0～1.8m／秒といわれています。これは時速にすると約3.5～6.5kmで、皆さんが歩くくらいの速さです。

さあ、これで流速を決めることができるので、先ほど説明したように、流量を流速で割ることにより、管径を求めることができますね。

なお、雨水も原則自然流下方式で流します。雨水管渠や合流管渠では、重くて流れにくい土砂の流入があるために、最小流速は汚水の場合に比べて速く、0.8m／秒としています。なお、最大流速は汚水と同じ3.0m／秒です。

〈勾配を決める〉

次に、自然流下で汚水を流すわけですから、勾配をつける必要があります。

さて、どのようにして決定しましょうか？

勾配が緩ければ流速は遅くなりますし、勾配がきつければ速くなります。つまり、勾配は流速と関係があります。

また、流速は、管渠の内面の摩擦に影響されますね。その摩擦を生じさせる要因は、内面が「ツルツルか？ザラザラか？（粗度）」と汚水が管渠の内面と接触している長さが「長いか？短いか？（潤辺長）」と考えられます。

このように考えると、流速、勾配、粗度、潤辺長との間に何らかの関係があることが分かります（図19）。

流速（V）＝f（勾配（I）、粗度（n）、潤辺長（P））

図19　流速の求め方

ここまでなんとなく分かっていただければ、はじめの一歩としては十分です。具体的に勾配を計算するには、すでに頭の良い人たちによって、流速（V）と断面積（A）、勾配（I）、粗度（n）、潤辺長（P）との関係を表すいくつかの計算式が求められていますので、これらの計算式を利用します。

その代表的な計算式である「マニング式」を記載しておきましたので、もう一度図17を見てください。この計算式を使って、流速が最小速度と最大速度の間の値となるように、粗度（n）と潤辺長（P）を考慮しながら、勾配（I）を求めることになります。

なお、勾配は緩い方が埋設する深さが浅くて済むため、敷設工事費が安くなります。したがって、勾配の決定には十分注意を払う必要があります。

〈管渠の種類〉

管渠の種類（材質）には、鉄筋コンクリート管や硬質塩化ビニル管、ポリエチレン管、鋳鉄管、鋼管などがあります。一昔前は、陶管もありました。

その材質によって強度や水密性、粗度、施工性などに違いがありますから、さまざまな条件を考慮して管渠を選ぶことになります。

〈管渠の断面形状〉

管渠の断面の形状には、円形や矩形《くけい》（四角形）、馬蹄形、卵形があります。また、管渠の最小管径は200㎜を標準としています（汚水量が少ない箇所では100㎜や150㎜の管渠も使用できます）。

なお、雨水管渠や合流管渠の最小管径は250㎜となっています。

いかがですか？使用する管渠を選ぶだけでも大変な作業になりますね。

〈水理の不思議〉

皆さん、管渠の中を流れる水量は満管の時が一番たくさん流れるように思うでしょう。しかし、実は違います。断面の形状によって異なるのですが、例えば、円形の管では、水

写真5　大下水のレンガ製卵形管

深が約93％の時に流量が最大になります。また、流速が最大になるのは水深が約81％の時です。不思議ですね。

また、施工の効率性などから現在は製造されていませんが、卵形の管（卵形管）は、円形の管に比べて勾配が緩くても、また、流量が少なくても速い流速が得られます。水理特性が優れているため、明治14～20（1887～1893）年にかけて横浜市中区山下町一帯に築造された「大下水《おおげすい》」や神田下水で使用されました。

◆マンホール

マンホールも重要な施設です。マンホールは、「Man（人）Hole（あな）」、漢字で「人孔」と書きますが、読んで字のごとく、「人」が管渠の点検のために入る「孔《あな》」です。その他にも、管渠の段差や勾配などを調整したり、下水を流す方向を変えたりする際の接合箇所としての役目、換気口としての役目があります。

人が出入りするマンホールの大きさ（内径）は、900㎜以上が望ましいとされています。ちなみにアメリカでは最小内径は1200㎜です。体格の違いからでしょうね。

また、マンホールは何m間隔で設置すればよいのでしょうか。その目安は、管渠の口径によって異なりますが、例えば、管渠口径が600㎜以下で75m、1000㎜以下で100mなどとなっています。

ところで、マンホールの蓋は、四角でも三角でも良さそうですが、丸ですね。

なぜだと思いますか？

これは、人がマンホールの中に入りやすいということもありますが、蓋がマンホールの中に落ちないようにするためです。作業中に蓋がマンホールの中に落ちたりすると大変です。図20を見てみると分かりますが、三角や四角の蓋では落ちてしまいます！

なお、マンホールは、全国で約１４００万基設置されています。膨大な数ですね。

◆管渠の点検

管渠の維持管理は重要です。例えば、コンクリート製の管渠は管渠内で発生する硫化水素によって傷んでいきます。硫化水素が硫黄酸化細菌によって硫酸になり、コンクリートを腐食するためです。

管渠内の点検は、人力によってもできますが、管渠内

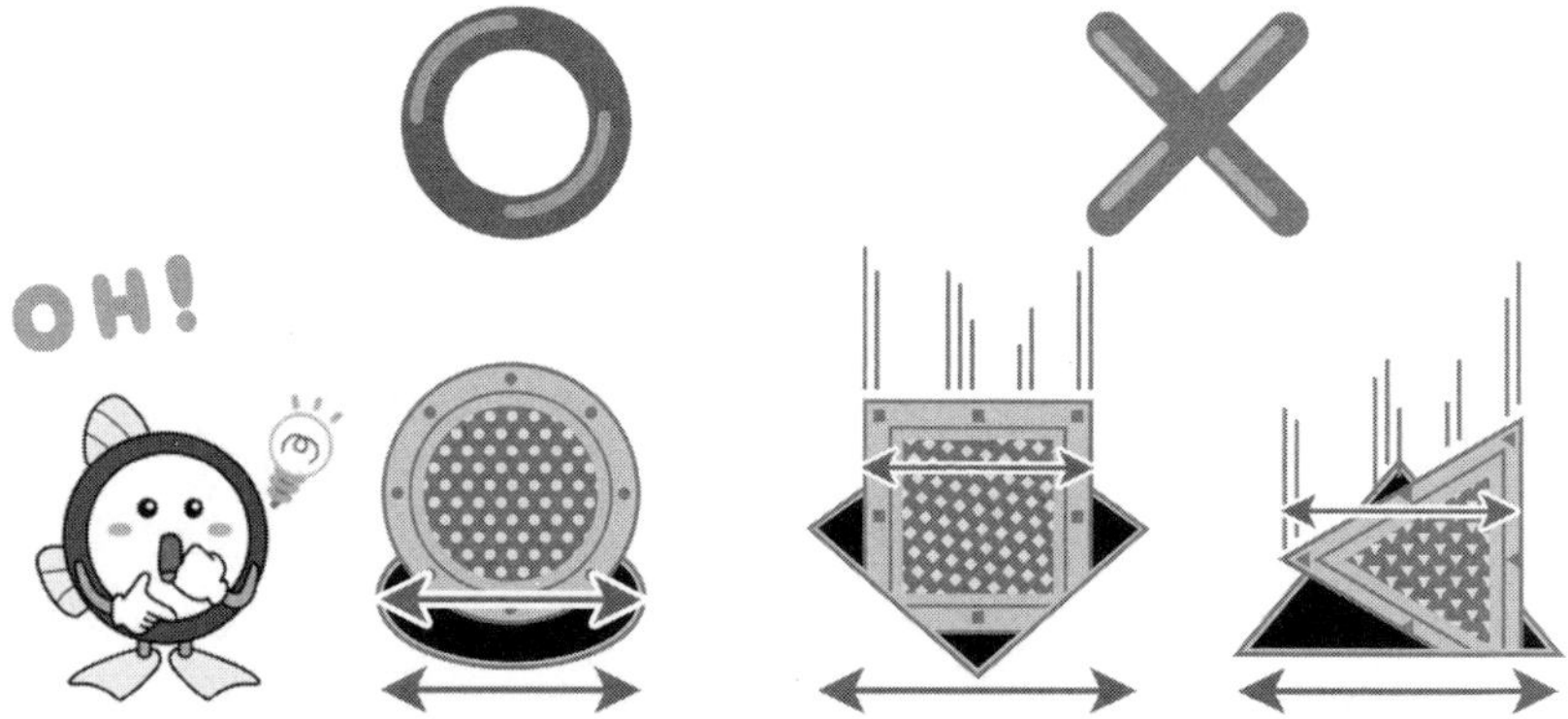

図20　マンホール蓋の形

は過酷な環境です。そこで、ＴＶカメラを装備した自走式の点検ロボットが活躍しています。

最近は、ドローンを利用した点検技術も開発されています。また、大口径で流れている下水の水深が深い管渠では、なんと、潜水作業員が下水の中に潜って水中の管路の状況を点検しているのです。

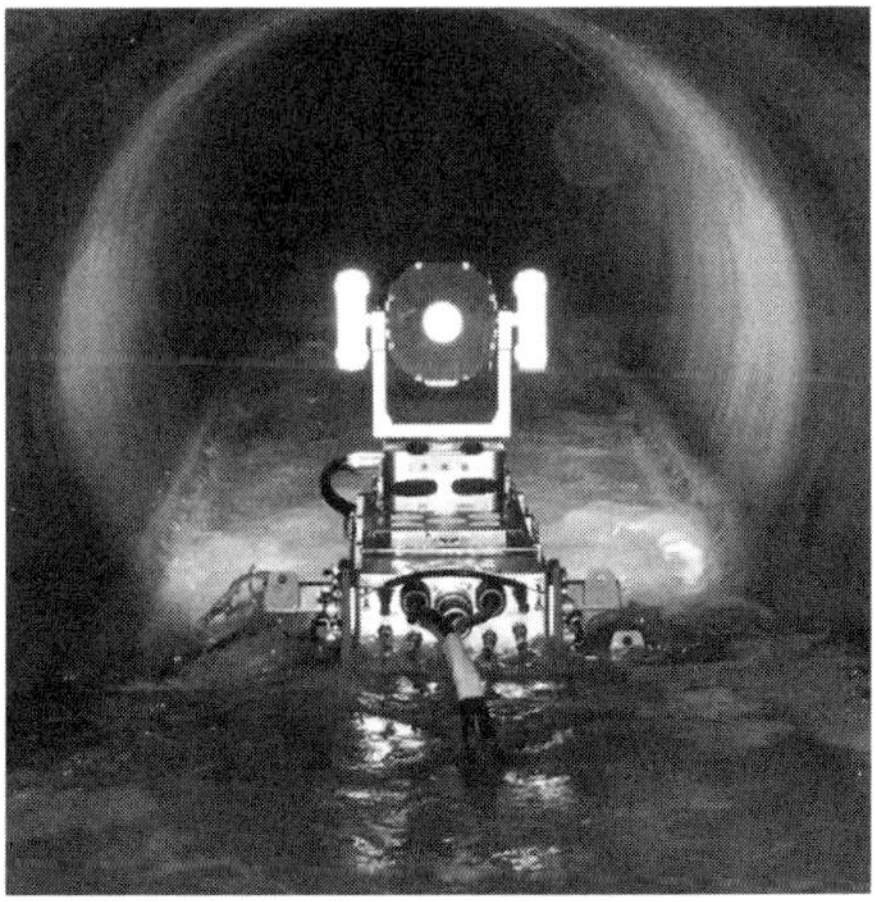

写真６　点検ロボット（提供：管清工業株式会社）

下水をきれいにする

Step.4

処理場の仕組み（汚水処理）

汚れをとるのも一苦労……

処理場にたどり着いた汚水は、どのようにしてきれいになるのでしょうか。ここからは、汚水の処理の話です。

◆河川が汚れるとは？

河川や湖沼、海に流れ込む生活排水などに含まれる汚濁物質は、沈殿したり微生物により分解されたりすることで自然に浄化されます。このことを「自浄作用」といいます。しかし、自浄作用で浄化できる以上の大量の汚濁物質が流れ込むと、河川や湖沼、海が汚れてしまいます。

ところで、皆さん、河川や湖沼、海が汚れるとは、水中でどのようなことが起こっているのか考えたことがありますか？

例えば、汚れた河川というと、嫌なにおいがするどぶ川を思い浮かべますよね。これは、水中の酸素が少なくなって、水が腐り、メタンガスや硫化水素などが発生しているのです。では、なぜ水中の酸素が少なくなるのでしょうか。それには、自浄作用の一つである微生物による汚濁物質の分解が関与しています。

微生物が汚濁物質、特にその中に含まれている有機物を分解するときに、水中に溶けている酸素（溶存酸素）を消費します。この時、流れ込む有機物が大量にあると水中の溶存酸素を全て使い切ってしまって、水が腐ってどぶ川になってしまうのです。つまり、河川などを汚さないようにするには、大量の有機物を流さないようにしなければなりません。

家庭からの排水には、し尿をはじめ、台所や風呂から排水される油や野菜くず、皆さんの身体の汚れなど有機物がたくさん含まれているので、処理場でこの有機物を取り除いて河川などに放流しているわけです。なお、溶存酸素がほとんどない状態を「嫌気性」、その逆を「好気性」といいます。

では、処理場でどのようにして汚水に含まれる有機物を取り除いていると思いますか？何か薬品を加えてきれいにしていると思っている人もいるかもしれませんが、実は河川などの自浄作用の原理と同様に微生物の力を借りてきれいにしています。

◆汚れの指標

汚水の処理方法について説明する前に、河川や湖沼、海の「汚れの程度」を表すのに使われる代表的な指標について説明しておきましょう。今後の説明の中にも出てくるので覚えておいてください。

水の汚れの程度を表す代表的な指標としては、ＢＯＤとＣＯＤがあります。ＢＯＤは、「Biochemical Oxygen Demand（生物化学的酸素要求量）」の略語で、ＣＯＤは、「Chemical Oxygen Demand（化学的酸素要求量）」の略語です。

ＢＯＤは「河川の汚れの程度」を、ＣＯＤは「湖沼や海の汚れの程度」を表す指標です。

◆ＢＯＤとは？

河川の汚れの程度は、先ほどからお話をしているように水中に溶け込んでいる酸素（溶存酸素）を消費する有機物の量で決まります。

ＢＯＤとは、「生物化学的酸素要求量」という名称がまさしく示すように、水に含まれる有機物を微生物（生物）が分解するのに必要（要求）とする酸素量で汚れの程度を表す指標です。

では、どのようにしてＢＯＤを測定するのか、その測定方法を説明しておきましょう。

まず、測定する河川の水を採取し、その溶存酸素を測ります。次に、採取した水をフラン瓶に入れて密閉し、一定温度（20度）の暗室で保存し、５日経ったところでその水の溶存酸素を測ります。この測定値と最初に測定した溶存酸素の値との差が消費された酸素の量になります。この消費された酸素量をＢＯＤといいます。たくさんの酸素が消費されていれば、水に含まれる有機物が多いことが分かります。つまり、ＢＯＤの値の大小で、河川の汚れの程度が分かるというわけです。

余談ですが、ＢＯＤの測定になぜ5日間かけることになっているのでしょうか？ＢＯＤは、イギリスで河川の自浄作用能力を測定するために考案されました。テムズ川を流れる水が上流から河口にたどり着くまでの日数が5日であったことから決められたといわれています。

◆ＣＯＤとは？

ＣＯＤは、湖沼や海に含まれる物質を酸化剤により化学的に酸化して、消費された酸化剤を酸素量に換算して求めます。化学的に酸化するので、酸化される物質には無機物も含まれますが、主なものは汚濁の主原因となる有機物です。

湖沼や海は、河川と違って水が流れることなく溜まっている状態にありますから、水に含まれている有機物が長い時間をかけて分解されます。したがって、湖沼や海の汚れの程度を表すには、水に含まれる有機物を全量測定できる指標が適しているということで、ＣＯＤが使われています。

◆ＢＯＤ値と汚れの程度の関係

ところで、ＢＯＤの値と汚れの程度の関係はどうなっているのでしょうか。河川に住む魚を例にして見てみましょう。

魚が生息可能なＢＯＤ値は、５㎎／ℓ以下です。水が澄んだ渓流に生息するヤマメやイワナは２㎎／ℓ以下、汚れに強いコイやフナは５㎎／ℓ以下であれば生息できます。ＣＯＤ値でもほぼ同じです。

隅田川で花火大会や早慶レガッタが中止になった昭和36年、隅田川にかかる小台橋付近のＢＯＤ値は、約40㎎／ℓを超えていました。桁違いの大変な汚濁状況だったことが分かります。

ちなみに、身近なモノのＢＯＤ値を見てみましょう。し尿のＢＯＤは１～２万㎎／ℓ、味噌汁は３～４万㎎／ℓ、ビールは８～９万㎎／ℓ、使用済み天ぷら油（５００㎖）は１００万～１５０万㎎／ℓにもなります。

例えば、味噌汁１杯を川に捨ててしまうと、コイが生息できるＢＯＤ５㎎／ℓとするためには、７０００倍の水（浴槽約７杯分）で希釈する必要があります。こうして考えてみると、たった１杯の味噌汁でも川に捨てるのは考えものですね。

◆汚水処理のフロー

では、ここから汚水処理の方法についてお話ししましょう。

処理場での標準的な汚水処理は、流入してきた汚水（流入水）を「スクリーン↓沈砂池↓最初沈殿池↓反応タンク↓最終沈殿池↓消毒施設」という工程で処理し、きれいになった処理水を河川などに放流します（図21）。

汚水処理のフローにおける各処理工程の役割を簡単に説明すると、まずはスクリーンで汚水と一緒に流れてきた大きなゴミを取って、次に沈砂池で砂などを沈殿させて取り除きます。最初沈殿池では、汚水をゆっくり流して沈砂池で取り除けなかった細かい汚れを沈めます。

次の反応タンクが処理の心臓部です。ここで微生物に下水中の汚れ（有機物）を食べさせてきれいにします。そして、最終沈殿池では、働いてくれた微生物を沈めて、きれいになった上澄み（処理水）を分離します。最後に、処理水を塩素や紫外線、オゾンで消毒して河川などに放流します。以上が

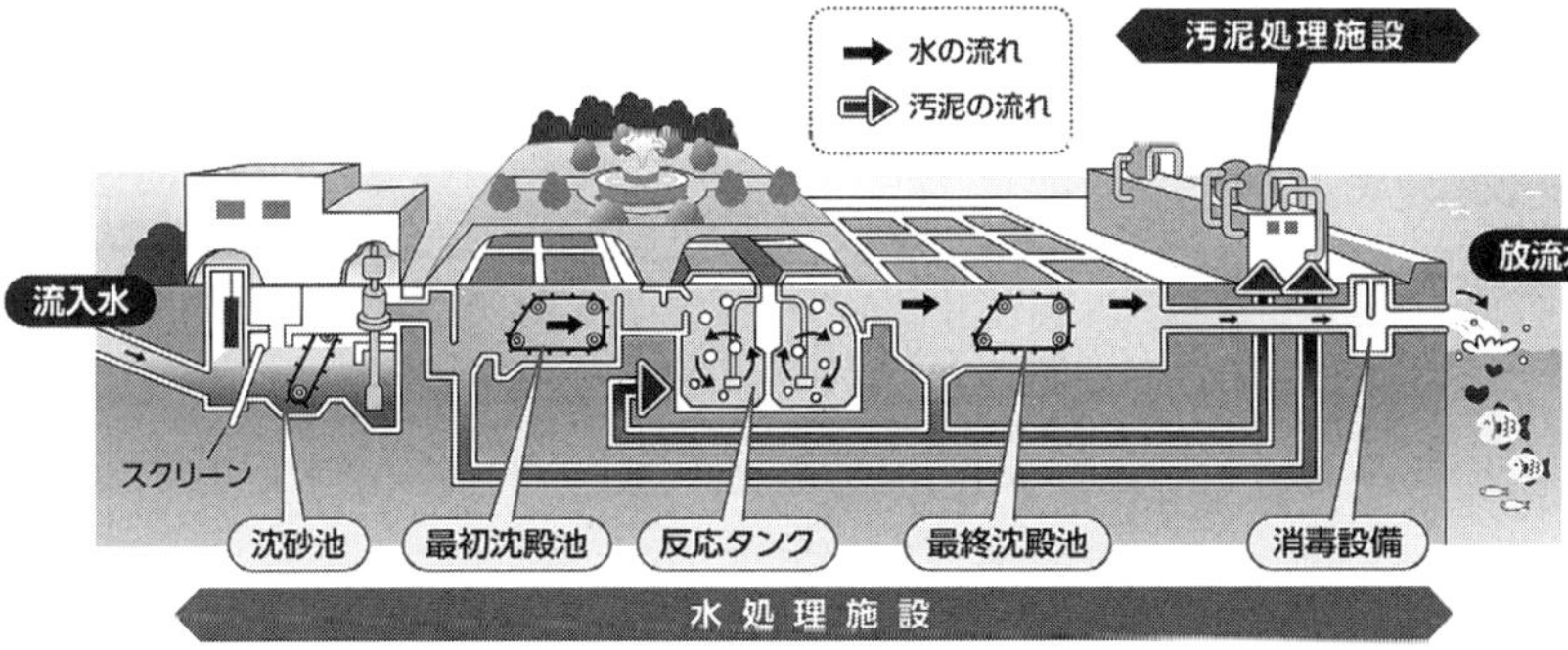

図21　汚水処理のフロー

標準的な汚水処理のフローです。

なお、日本全国で1年間に処理されている汚水の量は、約155億㎥です。これは、東京ドーム約1.3万杯分です。また、立方体の容器に入れるとすると、一辺が2.5㎞の容器が必要です。想像してみてください！すごい量ですね。

100年の時を超えて

ここまで、汚水処理のフローについて簡単に説明しました。ここでは、その汚水処理の重要な工程である反応タンクにおける処理の仕組みについて、代表的な処理方法である「活性汚泥法」を中心にお話しします。

◆処理方法の種類

汚水の処理は、微生物を利用して行います。その方法は、微生物をどのような状態で利用するかによって「生物膜法」と「浮遊生物法」に区分されます。

「生物膜法」は、今ではほとんど使用されていませんが、砕石などに微生物を付着させ、微生物の膜（生物膜）をつくり汚水を処理する方法です。この方法には、「散水ろ床法」（1908

年にアメリカで実用化）と「回転生物接触法」（1962年にドイツで実用化）があります。

散水ろ床法は、円形の槽に砕石（ろ材）を積み重ねて下水を上部から散水し、汚水がろ材の表面を流れ落ちる間に、ろ材表面に付着している微生物が処理する方式です。

また、回転生物接触法は、薄い円板（直径3～4m、厚み0.7～7㎜）を並べて水平軸に固定し、微生物が付着した円板を回転させ、円板の下半分を汚水に潜らせて処理する方法です。

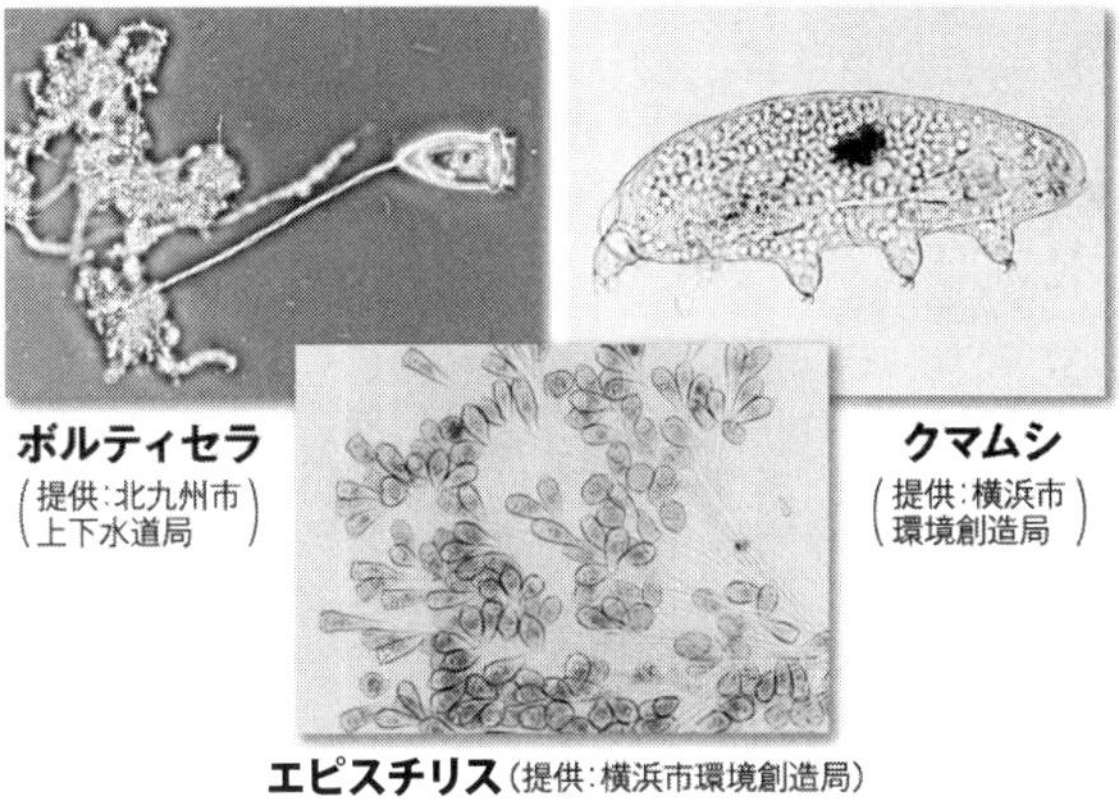

ボルティセラ
（提供：北九州市上下水道局）
クマムシ
（提供：横浜市環境創造局）
エピスチリス（提供：横浜市環境創造局）

写真7　汚水処理を行う微生物たち

「浮遊生物法」とは、反応タンクの中で空気を底から吹き込むか、機械で水面をかき混ぜることにより微生物を浮遊状態にして処理する方法です。この方法は、「活性汚泥法」と呼ばれています。活性汚泥法にはさまざまな方式がありますが、まずは「標準活性汚泥法」について説明しましょう。

◆標準活性汚泥法

汚水に空気を吹き込み撹拌《かくはん》すると、細菌類や原生動物、後生動物などさまざまな微生物が増殖します。この微生物の集まりを「活性汚泥」と名付けています。処理場を見学したことがある方はご存じでしょうが、活性汚泥は茶色の泥水のようなものです。

さて、図22をご覧ください。最初沈殿池から越流してきた汚水を反応タンクに流し込みます。そして、反応タンクの中で、活性汚泥に汚水中の有機物を食べさせて汚水をきれいにしますが、活性汚泥にしっかりと働いてもらうためには、汚水中に十分な酸素が必要です。そこで、反応タンク内に空気を吹き込んで酸素を供給します。このことを「エアレーション」といいます。エアレーションには、酸素を供給する役目以外に、活性汚泥が沈降しないようにかき混ぜる役目もあります。

また、活性汚泥には、汚水を浄化すること以外に、汚水処理を行う上で役に立つ特徴があります。それは、くっついて固まりやすいという性質（凝集性）です。この性質のおかげで、活性汚泥は沈降しやすく、最終沈殿池で処理水との分離を効率よく行うことができます。なお、この方法による反応タンクでの処理時間は、約6～8時間です。

次に、最終沈殿池で活性汚泥を沈降させて、清澄な処理水と分

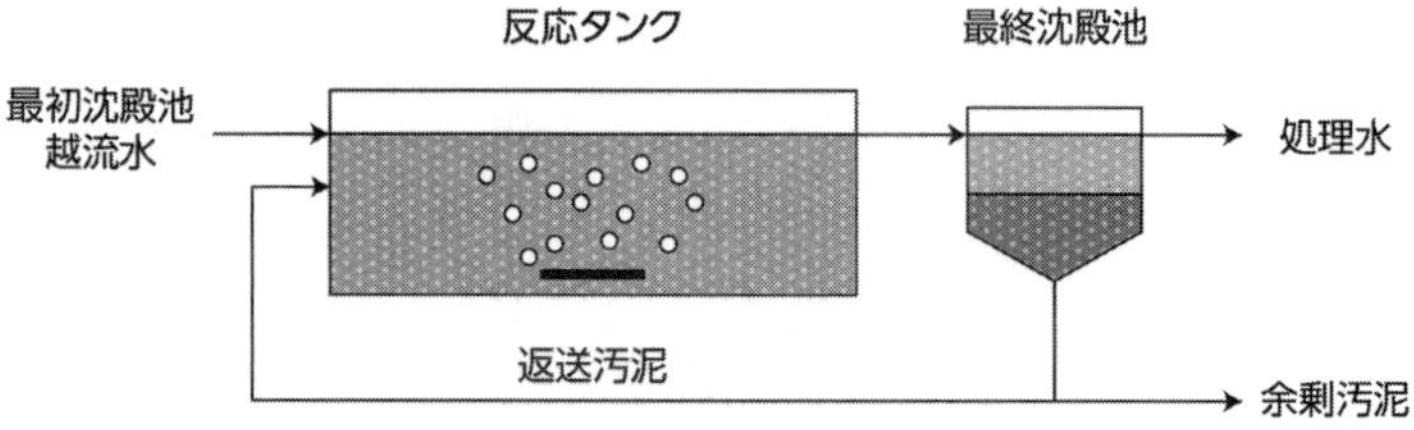

図22　標準活性汚泥法の処理フロー

離します。処理水は消毒をして河川などに放流します。これで汚水の処理が完了です。

なお、最終沈殿池で沈殿分離された活性汚泥の一部は、反応タンク内の活性汚泥の濃度を一定に保つため、反応タンクに戻して（「返送汚泥」といいます）もうひと働きさせます。一方、反応タンクに返送せずに残った活性汚泥（「余剰汚泥」といいます）は、引き抜いて、最初沈殿池で沈殿分離されたもの（初沈汚泥）と一緒に処理・処分します。

汚泥の処理・処分については、後ほどお話しします。

◆さまざまな活性汚泥法

標準活性汚泥法以外の活性汚泥法も紹介しておきましょう。

〈オキシデーションディッチ（ＯＤ）法〉

この方法は、主に小規模な処理場で採用されていて、無終端の水路の中で汚水を機械で撹拌してぐるぐる回して処理します（図23）。最初沈殿池を必要とせず、流入下水量や水質の時間変動が

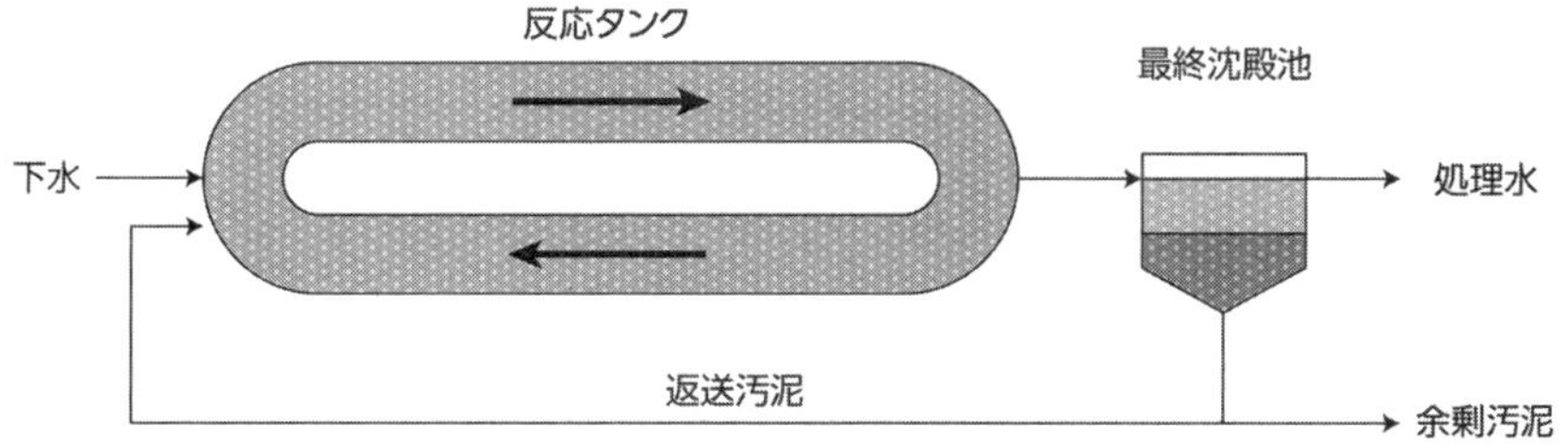

図 23　OD法の処理フロー

あっても安定した処理ができ、運転管理にあまり手間がかかりません。処理時間は、標準活性汚泥法より長く24～36時間です。

〈酸素活性汚泥法〉

空気ではなく酸素そのものでエアレーションを行う処理方式です。標準活性汚泥法に比べ、反応タンク内の酸素濃度を高めて2倍以上の量の活性汚泥を働かせることができるため、1.5～3時間程度という短時間で処理が完了します。それにより、反応タンクを小さくすることが可能で、敷地面積が狭くて済みます。

〈長時間エアレーション法〉

処理時間を16～24時間と長くした処理方法です。汚水の流量変動の影響を少なくすることにより安定した処理が可能で、また、最初沈殿池を必要とせず、余剰汚泥の発生量も少なくなります（汚泥の処理・処分が効率的になります）。

〈膜分離活性汚泥法〉

近年開発された処理方法です。この方法は、反応タンク内などにろ過膜を設置し、汚水をろ過して処理水を取り出す方法です。そのため、活性汚泥と処理水を分離する最終沈殿地が不要になります。また、ろ過膜は孔径が微細であり汚水に含まれている大腸菌などを通さないので消毒施設も不要です。このため処理場の敷地面積が狭くて済みます。

◆活性汚泥法の歴史

ここで、活性汚泥法の歴史を簡単に紹介しましょう。

活性汚泥法につながる研究は、１８８２年、イギリスのスミスによる研究が最初であるといわれています。

１８９７年、イギリスのファウラーが本格的な研究に取り組み、汚水に空気を吹き込んで放置すると、「清澄な上澄み液」と「汚泥」に速やかに分離することを実験により明らかにしました。

その後、ファウラーの指導の下、アーデンとロケットが汚泥を循環して汚水を浄化することに成功し、１９１４年、その研究成果をイギリスの化学工学会で発表しました。そして、この年、サルフォードで初めて活性汚泥法を採用した処理場が運転を開始しました。この１９１４年が活性汚泥法の誕生した年とされています。

わが国では、大正10（１９２１）年に草間偉《いさむ》（東京帝国大学教授）が活性汚泥法をイギリスより持ち込みます。そして、大正13（１９２４）年、名古屋市がわが国で最初の活性汚泥法による汚水処理実験を開始します。次いで、大阪市が大正14（１９２５）年に実験を開始しました。東京都は、大正11（１９２２）年にわが国で初めての下水処理場である三河島汚水処分場を稼働させましたが、採用した処理方法は散水ろ床法でした。しかし、その後に建設する処理場に、より優れた処理方法である活性汚泥法を導入すべく大正15（１９２６）年から実験を開始しています。

活性汚泥法を処理場に最初に採用したのは、活性汚泥法の実験を最初に始めた名古屋市でした。昭和5年、堀留下水処理場と熱田下水処理場に、昭和11年には露橋下水処理場に、他都市に先駆けて活性汚泥法を導入しました。その後、活性汚泥法は各都市に取り入れられ、わが国においても処理方法の主流となっています。

活性汚泥法は、誕生して約１１０年経った今でも汚水処理の代表的な方法として大活躍しています。

過ぎたるは猶及ばざるが如し

ここからは、少し専門的な内容になりますが、高度処理についてのお話です。

汚水の処理には、沈殿のみを行う「一次処理」、有機物の除去を主目的に行う「二次処理」、そして、二次処理で除去した以上に窒素やリン、有機物を除去する「高度処理」があります。これまでは、「二次処理」のお話でした。

では最初に、「なぜ高度処理が必要なのか」について説明しましょう。

◆高度処理の必要性

高度処理は、主に河川や湖沼、海などの水質を保全することを目的として、二次処理以上の処理を行う必要がある場合に実施されます。また、処理水の放流先が上水道の水源である場合やレクリエーションの場（キャンプ場など）として、より清澄な水質が要求される場合、そして、処理水を再利用する場合などでも実施されます。

ここでは、湖沼や海の水質保全のために実施されている高度処理を取り上げます。

〈赤潮、青潮〉

最近はあまり騒がれなくなりましたが、かつては湖沼や海で赤潮や青潮が発生し、魚の養殖などに多大な被害を及ぼしていました。

赤潮や青潮は水中のプランクトンが大量発生して、湖沼や海がそのプランクトンの色（赤や青）に染まる現象です。赤潮や青潮がなぜ問題になるかというと、プランクトンが大量発生すると水中の酸素をたくさん消費してしまい、その水域が酸欠状態になって魚などの水生生物が死んでしまうからです。

このプランクトンの異常発生は、水中の栄養が豊富になりすぎてプランクトンが爆発的に増えてしまうために生じます。水産資源にとっては栄養が豊富である方が良いのでしょうが、「過ぎたるは猶及ばざるが如し」です。

〈窒素とリンを取り除く〉

プランクトンを異常に発生させる主犯物質は、「窒素」と「リン」です。「窒素」と「リン」は、「栄養塩類」と呼ばれていて、プランクトンの栄養源となる物質ですが、これらが増えすぎるとプランクトンが異常発生して、赤潮や青潮が発生してしまいます。

なお、湖沼などで栄養塩類が増えすぎてしまう状況を「富栄養化」といいます。

通常の活性汚泥法でも汚水中の窒素とリンをある程度は除去できますが、赤潮や青潮を防ぐためには、さらに除去しなければなりません。そのために実施するのが高度処理なのです。

◆窒素の除去

ここでは、窒素を取り除く高度処理について紹介しますが、その前に窒素を除去する原理について説明しましょう。

ここから、さまざまな窒素化合物の名前や化学式などが出てきますので、化学が苦手だという方は、斜め読みしていただいて、「汚水から窒素を除去する方法があるんだな」ということを漠然と理解していただければ十分です。

$$NH_4^+ \underset{(硝化)}{\rightarrow} NO_2^-、NO_3^- \underset{(脱窒)}{\rightarrow} N_2$$

図24　窒素除去の原理

〈窒素除去の原理〉

まず、図24を見てください。窒素（N）の形態の変化を示しています。アンモニアの形態をした窒素（NH_4^+：アンモニア性窒素）が、亜硝酸や硝酸の形態の窒素（NO_2^-、NO_3^-：亜硝酸性窒素、硝酸性窒素）になり、最後には、気体の窒素（N_2）に変化していることを表した図です。これを見ながら次からの説明を読んでください。

汚水中の窒素は、主に食物くずに含まれるたんぱく質など（「有機性窒素」といいます）や尿に含まれるアンモニア（「アンモニア性窒素」といいます）に含まれています。汚水が未処理のまま湖沼などに流れ込むと、有機性窒素は微生物により分解されてアンモニア性窒素になり、既に汚水に含まれているアンモニア性窒素とともに、水中の酸素を消費して水質を悪化させます。そこで、処理場で汚水中の有機性窒素を分解し、アンモニア性窒素を酸化して放流すれば、湖沼や海などの水質の悪化を防ぐことができます。

しかし、ここまでの処理では、栄養塩類である窒素が放流先の湖沼や海に流入してしまいますから、赤潮や青潮の発生を防ぐことはできません。赤潮や青潮の発生をなくすためには、栄養源となる窒素そのものを汚水から取り除かなくてはなりません。

そこで、窒素そのものを汚水から取り除くため、図24に示すような原理で、窒素を気体まで変化させて空中に放出させるという処理方法が実施されています。

もう一度、窒素除去の原理を繰り返します。まず、アンモニア性窒素（NH_4^+）を酸化（「硝化《しょうか》」といいます）して、亜硝酸性窒素（NO_2^-）や硝酸性窒素（NO_3^-）にします。その後、亜硝酸性窒素（NO_2^-）や硝酸性窒素（NO_3^-）から酸素を取って（「脱窒《だっちつ》」といいます）、窒素（N_2）にして、大気中に窒素ガスとして放出することにより汚水から窒素を除去します。

それでは、窒素除去の原理を分かっていただいたところで、窒素の高度処理方法を説明しましょう。

窒素の高度処理方法には、「循環式硝化脱窒法」と「硝化内生脱窒法」という二つの方法があります。どちらの方法も窒素を除去する原理は同じなので、ここでは「循環式硝化脱窒法」についてお話しします。

〈循環式硝化脱窒法〉

循環式硝化脱窒法の処理フローを見てください（図25）。この図の中に「好気」、「無酸素」という言葉が出てきますが、「好気」とは酸素がたくさん存在している状態、「無酸素」とは酸素が無い状態のことです。既に「嫌気」という言葉を説明しましたが、「嫌気」とは、「無酸素」と違って、酸素がほとんどない状態のことです。

さて、反応タンクでの処理工程の順番は、窒素除去の原理からすると、アンモニア性窒素（NH_4^+）の酸化から始まるので、「好気タンク」→「無酸素タンク」の順のように思われるかもしれませんが、その逆で「無酸素

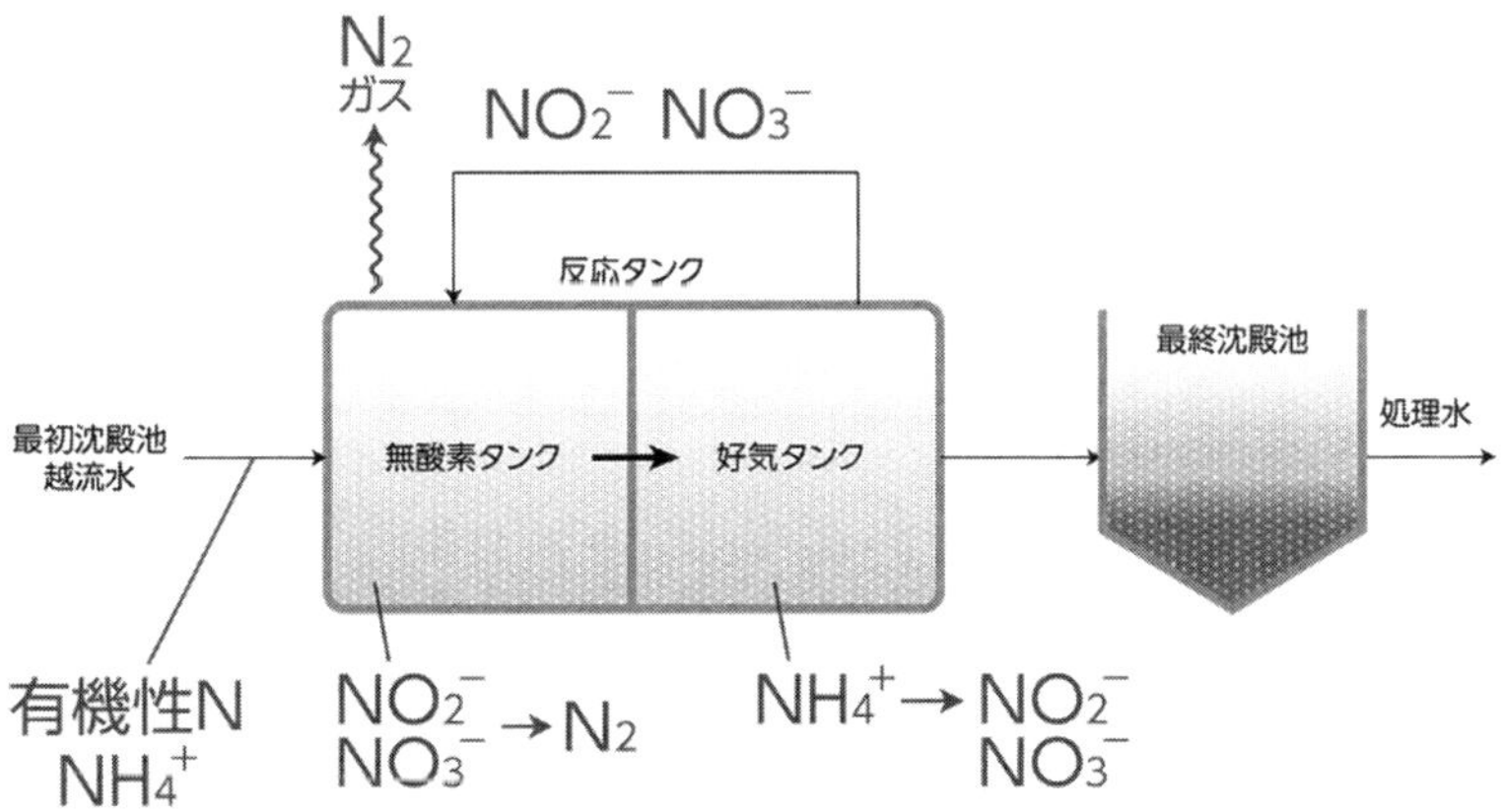

図25　循環式硝化脱窒法の処理フロー

タンク」→「好気タンク」の順になっていますね。なぜそのような順番で汚水を流すか説明しましょう。

「無酸素タンク」内で微生物が脱窒を行うためには有機物が必要です。そこで、その供給源として有機物をたっぷり含んでいる汚水を利用するのです。つまり、汚水を先に「好気タンク」に流し込むと、酸素がたっぷりあるので、活性汚泥により汚水中の有機物がたくさん処理されてしまって、「無酸素タンク」で利用できる有機物が少なくなってしまうからです。

したがって、この処理法では、汚水をまず「無酸素タンク」に入れて、その後「好気タンク」に流入させます。「好気タンク」では、有機物の処理とともにNH_4^+の硝化が行われます。そして、「好気タンク」で処理されてNO_2^-やNO_3^-を含む水は、その一部を「無酸素タンク」に戻して脱窒により窒素を除去し、残りは最終沈殿池に送ります。

以上が、窒素の高度処理方法である「循環式硝化脱窒法」の概要です。

今回の内容は、「はじめの一歩」としては少し難しかったですね。しかし、このような奥深さが汚水処理技術の面白いところでもあるのです。

次に、リンの高度処理方法についてお話しします。

もったいない、もったいない

ここでは、リン除去のための高度処理方法を紹介します。

◆リンの除去

リンの高度処理方法には、「嫌気好気活性汚泥法」と「嫌気無酸素好気法」があります。

ここでは、「嫌気好気活性汚泥法」について説明します。この処理方法は、微生物の不思議な振る舞いを利用した非常にユニークな方法です。

〈嫌気好気活性汚泥法〉

図26を見てください。この方法では、「嫌気タンク」、「好気タンク」の順に汚水を流して処理をします。図中に反応タンク内のリン濃度のグラフ

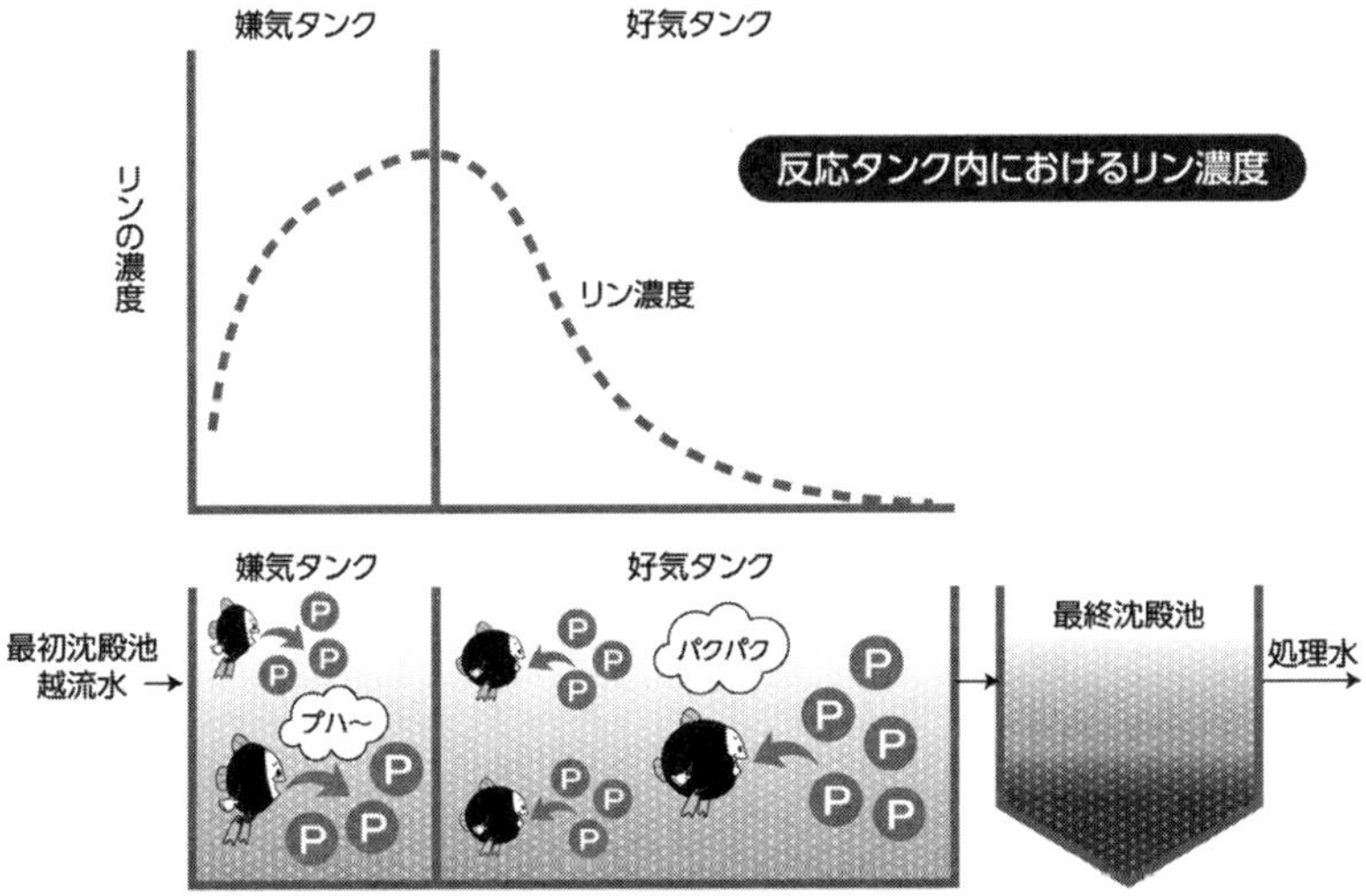

図26　嫌気好気活性汚泥法の処理フロー

を記載していますが、「嫌気タンク」の中では汚水の流下方向に向かってリン濃度がどんどん高くなっています。しかし、その後にある「好気タンク」では、グッと濃度が低くなっていることが分かります。

取り除かなければならないリンの濃度を「嫌気タンク」でなぜ高くしているのか奇妙に思われるかもしれませんが、ここがこの処理方法の〝ミソ〟なのです。

嫌気状態に置かれた微生物は、体内に蓄えているリンを体外に吐き出します。そして、好気状態になると、不思議なことに、吐き出した以上の量のリンを吸収してくれます。つまり、好気状態だけで汚水を処理する通常の活性汚泥法に比べて、一旦嫌気状態にした後に好気状態にするこの方法では、微生物が過剰にリンを吸収して汚水から取り除いてくれるのです。

この方法は、微生物の不思議な振る舞いを上手に利用した処理方法です。いかがですか？面白いでしょう。

また、さらに多くのリンを除去するために、この処理方法で処理した後に凝集剤を添加することも行われています。処理水に凝集剤（アルミニウム塩や鉄塩）を添加すると、リン酸イオン（PO_4^{3-}）が凝集剤に含まれるアルミニウムイオンや鉄イオンと化学反応して、水に溶けにくいリン酸塩が生成し、それを沈殿分離させることによりリンをさらに除去することができます。

◆リンは重要で貴重な物質

ここで、リンについて補足説明をしておきましょう。

リンは、生物が生命活動を維持する上で欠くことのできない「命の元素」といわれる非常に重要な物質です。また、皆さんご存じのように、肥料の三大要素の一つですので、リンが無ければ作物は育ちません。

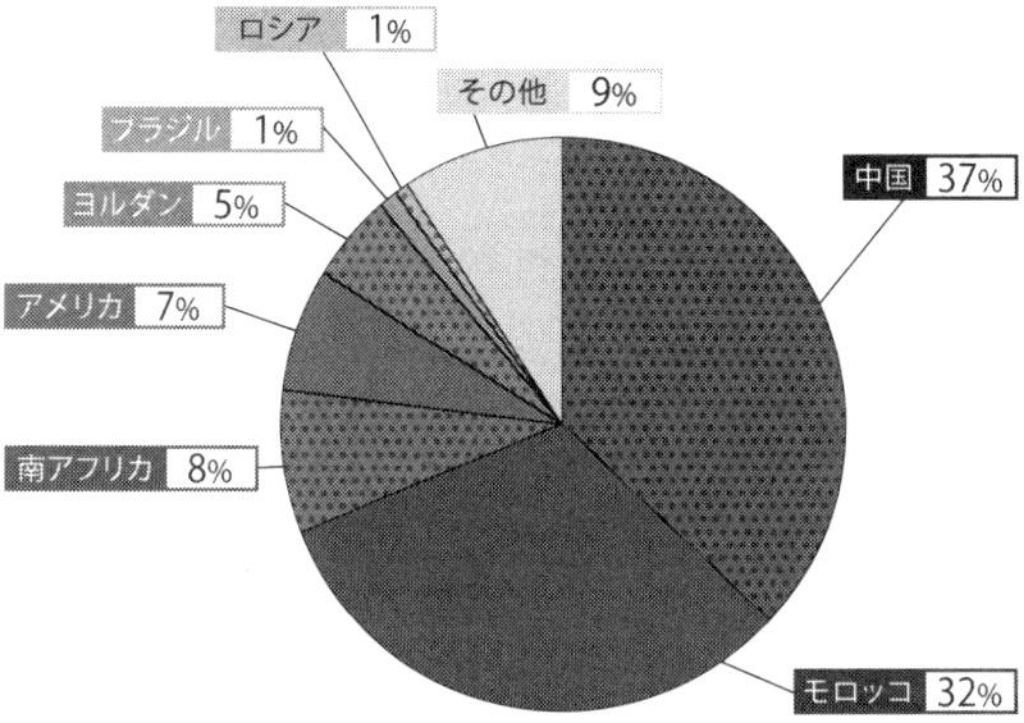

図 27　リン鉱石の国別埋蔵量

リンは、リン鉱石から生産されますが、リン鉱石は将来枯渇する恐れがあります。また、リン鉱石の埋蔵量は、中国（37％）とモロッコ（32％）で全埋蔵量の約70％を占め、その他、南アフリカ（８％）、アメリカ（７％）などの数カ国に偏在しているため、国際的な戦略物質になると考えられています（図27）。

このような状況を踏まえて、アメリカでは、平成８年よりリン鉱石の輸出を禁止していますし、中国はリン鉱石の輸出関税を１００％に引き上げて実質的な禁輸措置をとっています。また、欧州では将来のリン自給体制の構築が重大な政策課題になっています。

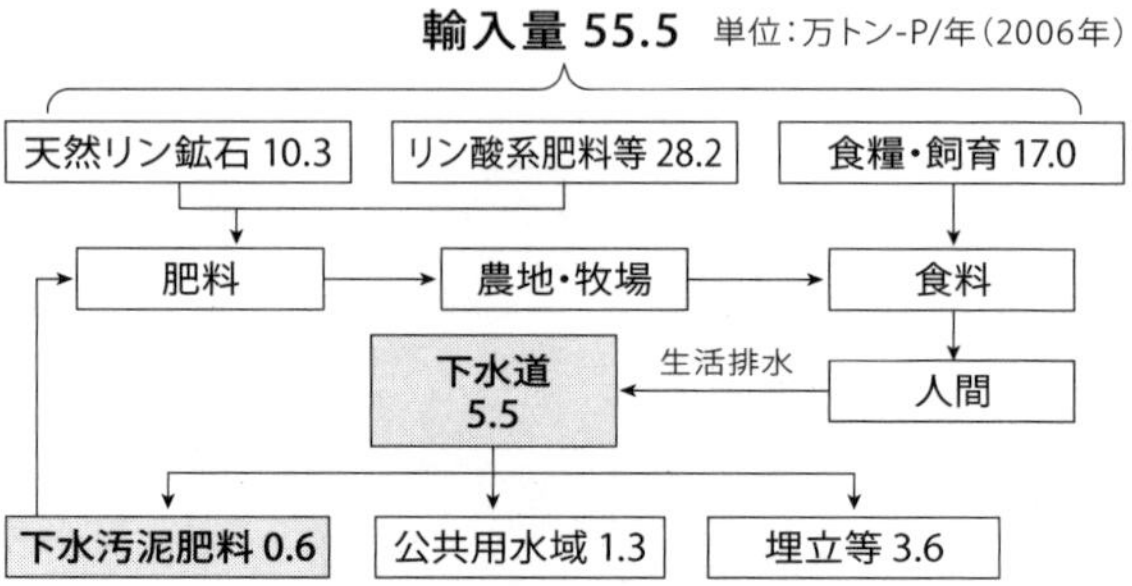

国土交通省下水道部作成

図28　国内のリンフロー

では、リン鉱石を全く産出しないわが国の状況は、どのようになっているのでしょうか。わが国には、いろいろな形態（リン鉱石や肥料、作物など）で、年間約56万tのリンが輸入されています。そのうちの約10%（5.5万t）が汚水に含まれて排出されています（図28）。このリンをただ単に捨ててしまうのは非常にもったいないですね。重要で貴重な物質であるリンの回収を積極的かつ戦略的に進めることが必要です。

汚水中から直接リンを回収するのは、リン濃度が薄いため難しいのが現状です。しかし、後ほどお話しますが、汚泥の処理で発生する焼却灰や脱水ろ液などからリンを回収する技術が実用化されています。

先走って「汚泥」の話になってしまいましたが、ほとんどの汚泥からリンの回収が行われていないのが現状です。そこで、ここからは私のアイデアなのですが、将来リン資源が枯渇する事態に備えて、汚泥専用の埋め立て処分地を用意し、汚泥や焼却灰を備蓄しておき、いざという時に掘り起こしてリンを回収するのはどうでしょうか。つまり、リンの「都市鉱山」をつくっておくのです。良い考えだと思いませんか？

◆処理方法と処理水質

さて、ここまで汚水処理の方法について説明してきましたが、汚水の処理にはさまざまな方法があることをお分かりいただけたと思います。

そして、処理方法によって、処理水の水質の値が異なります。

つまり、実際に汚水処理施設を設計するには、汚水中の有機物、窒素、リンをどの程度まで処理するか（「計画放流水質」といいます）を決めて、その水質を得ることができる処理方法を選択することになります。

ここでは、処理方法と処理水質の関係について触れませんが、この「計画放流水質」とそれを満足する処理方法の組み合わせを知りたい方は、『下水道施設計画・設計指針と解説後編―2019年版―』（〈公社〉日本下水道協会発刊）の9ページ、または、『下水道法令要覧　平成25年度版』（株式会社ぎょうせい発刊）の270ページをご覧ください。組み合わせの多さに驚かれると思います。

処理場の仕組み（汚泥処理）

さて、ここからは汚泥の処理・処分と利活用についてお話しします。

〝きたない〟なんて言わないで

◆汚泥とは？

余談ですが、私の最初の配属先は、土木研究所下水道部汚泥研究室でした。その縁で、今でも汚泥には非常に愛着があります。

さて、汚泥は、「汚れた泥」と書きますが、決して〝よごれた〟〝きたない〟ものではありません。汚泥の成分は、そのほとんどが活性汚泥由来の有機物で、言い換えれば、「バイオマス」です。利活用ができる有益なものなのに、イメージがあまり良くないのはとても残念です。

既にお話ししましたように、最初沈殿池と最終沈殿池から汚泥が発生します。それぞれ「初沈汚泥」、「余剰汚泥」といいます。汚泥の発生量は、流入下水量の１～２％程度です。

また、これらの汚泥は99～98％の水分を含んでいます。つまり、ほとんどが水分なのです。泥水をイメージすると分かりやすいでしょう。

後ほど説明しますが、機械で汚泥を絞って水分を取り除くと、柔らかい粘土状のもの（脱水汚泥）になります。また、さらに焼却すれば、当然ですが、有機物は全て燃えてなくなり、無機物の灰（焼却灰）になってしまいます。

◆汚泥処理フロー

汚泥処理は、汚泥中の水分を除去して容量を減らし、固形物の減少や質的な安定化を図ることを目的に行われます。

そして、その処理は、図29に示すように、「濃縮」、「消化」、「脱水」、「焼却」という各工程を組み合わせて行われます。また、後ほどお話ししますが、汚泥そのものをはじめ、消化工程において発生するガス（消化ガ

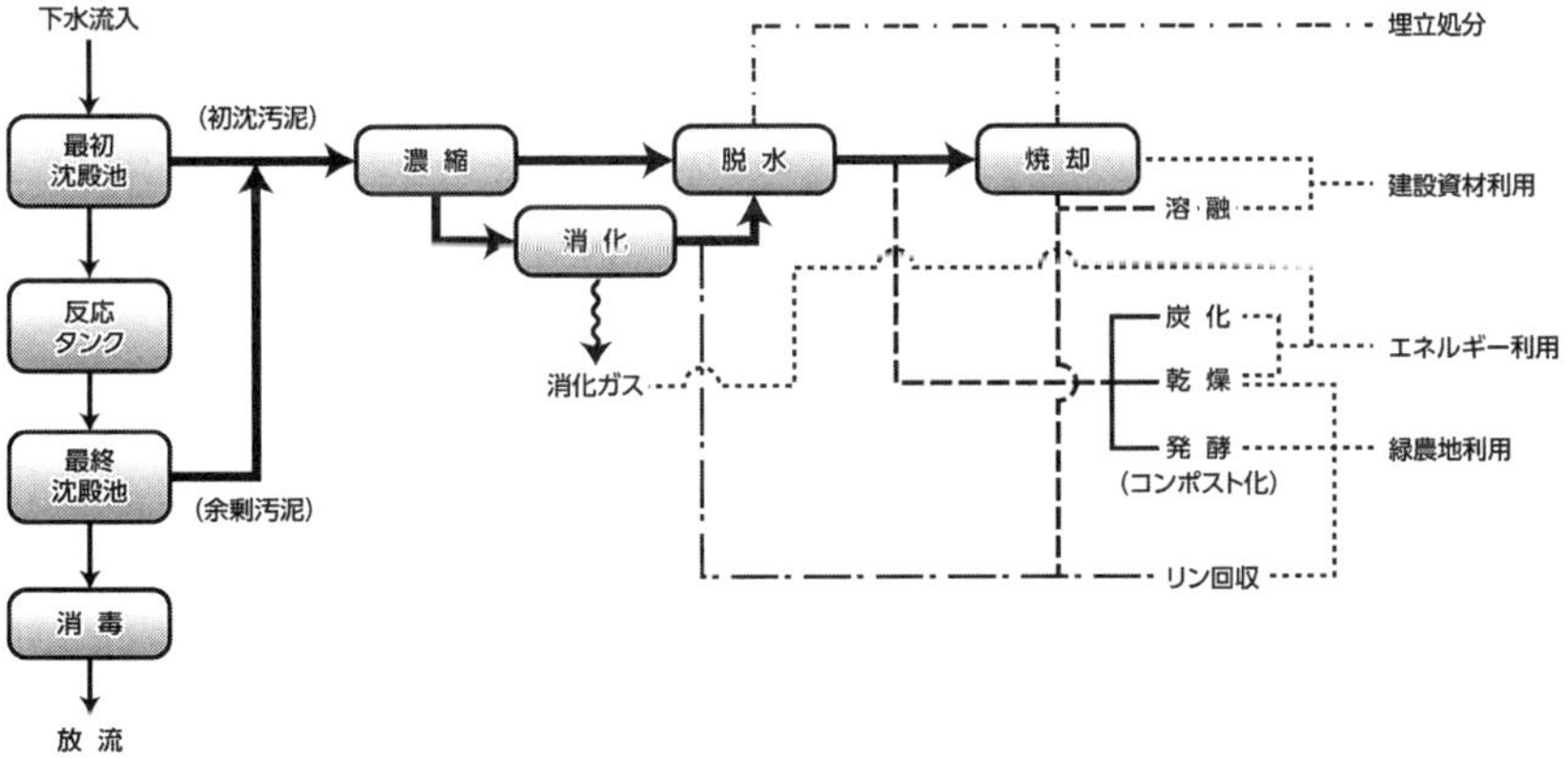

図29　汚泥の処理・処分と利活用

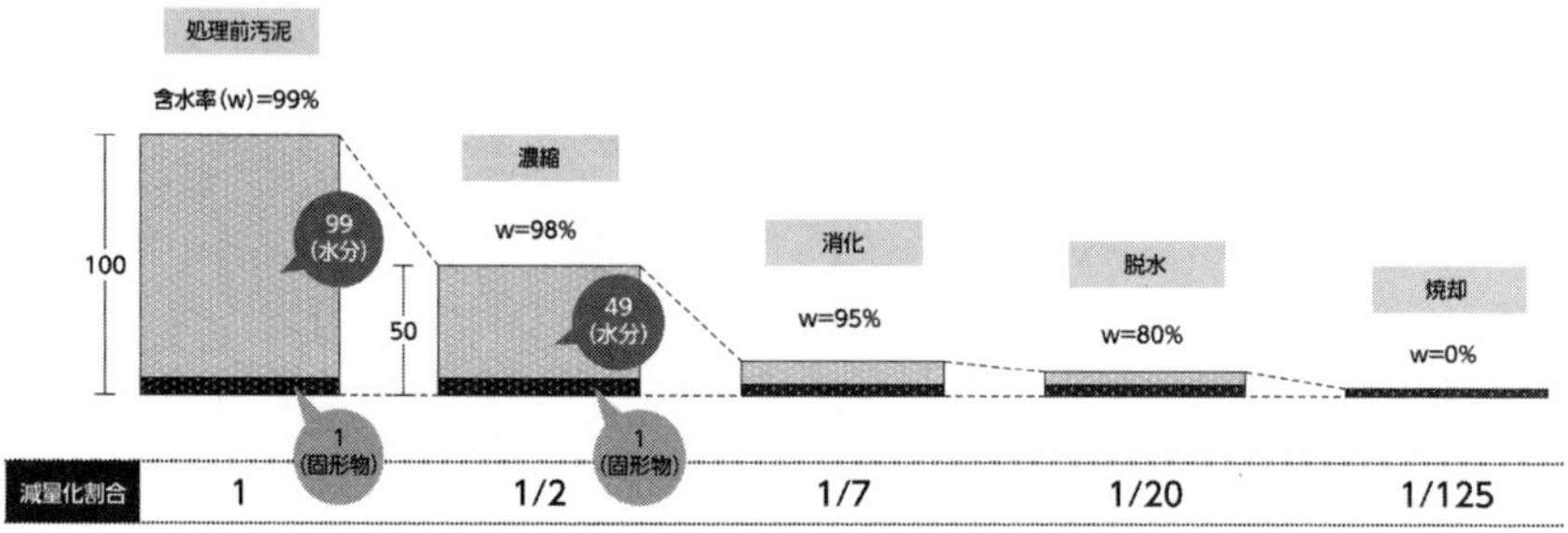

図30　各汚泥処理工程での減量化割合

ス）などが、資源としてさまざまな方法で利活用されています。まずは、汚泥処理における各処理工程を簡単に説明しましょう。

◆濃縮

最初の工程として、「濃縮」があります。濃縮は非常に重要な工程です。その理由をこれからお話します。

例えば、汚泥中の水分の量（「含水率」といいます）を99％としましょう。汚泥の99％が水分で、1％が固形物ということです。さて、含水率を1％下げて、98％にすると、全体の容量はどのくらいになると思いますか。

含水率が99％の時に比べて、含水率をほんの1％下げるだけで、なんと汚泥の容量は半分になります（図30）。含水率を97％にするとどうでしょうか。容量は3分の1になります。濃縮工程で含水率を1％でも多く下げるということは、その後の処理工程の効率に大きく影響します。

そして濃縮方法には、「重力濃縮」と「機械濃縮」があります。

「重力濃縮」とは、タンク内に汚泥を入れて、重力により固形物を沈殿させて濃縮する方法です。ここでも活性汚泥の高い凝集性が役に立ちます。含水率は98～96％程度になります。「機械濃縮」には、「浮上濃縮法」、「遠心分離法」などがあります。「浮上濃縮法」とは、汚泥を入れたタンク内で薬剤により発生させた気泡を汚泥にくっつけて、重力濃縮とは逆に汚泥を浮上させて濃縮する方法です。「遠心分離法」は、高速で回転する機器の中に汚泥を入れて、遠心力で固液分離を行います。短時間で96～95％の含水率になります。

◆消化

「消化」とは、汚泥中の有機物を微生物の働きにより分解し、汚泥を減量化するとともに、汚泥が腐敗しないように安定化する処理方法です。嫌気性消化法と好気性消化法がありますが、ここでは嫌気性消化法についてお話しします。

嫌気性消化法は、酸素の少ないタンク（消化槽）の中で、汚泥中の有機物を分解させ、汚泥の容量を減少させる処理法です。また同時に、寄生虫や病原性細菌なども死滅または減少するため、汚泥の衛生面での安全性が図られます。この処理工程は古くから行われているもので、１９１２年にイギリ

写真８　卵形消化槽（横浜市南部汚泥資源化センター）

スのバーミンガムの処理場で始まったといわれています。

この処理方法では、消化槽を加温することにより消化を促進させることができます。なお、この処理にかかる日数は、加温の温度が35度（中温消化）では20～30日程度、50～55度（高温消化）では10～15日程度です。

また、嫌気性消化法の大きなメリットは、副産物としてメタンを主成分とする可燃性のガス（消化ガス）が発生することです。この消化ガスは、消化槽の加温用として利用され、余った消化ガスは発電に利用することができます。

◆脱水

「脱水」とは、機械を使って汚泥の水分を搾り取る方法です。この工程により汚泥の含水率は80％程度、容量は濃縮汚泥の5分の1～10分の1になります。また、汚泥の形態も液状から柔らかい粘土状の塊に変化するため、取り扱いが容易になります。

脱水の方法としては、「ろ過式」と「遠心分離式」があります。

「ろ過式」には、円筒式のスクリーンの中に円錐状のスクリューを回転させて圧搾して脱水する「圧入式スクリュープレス式」、2枚のろ布の間に汚泥を入れて圧縮して脱水する「ベルトプレス式」などがあります。

また、「遠心分離式」は遠心力により固液分離を行う方法です。

◆焼却

汚泥は、多くの場合、脱水汚泥の状態で埋め立てによって処分されます。しかし、大都市のように大量の脱水汚泥が発生し、処分地にも限りがある場合には、埋め立てする量を少なくするために、焼却処理をします。

焼却方法には、「流動焼却炉」と「階段式ストーカ炉」があります。

なお、図30に汚泥処理の各工程における汚泥の減量化割合の試算例をまとめておきました。参考にしてください。

次は、汚泥の利活用についてお話しします。汚泥から燃料や肥料、電気や水素など、われわれの役に立つさまざまな資源を生み出すことができます。驚きですね！

夢を見たっていいじゃない

◆「宝の山」

下水道は「宝の山」といわれています。例えば、処理水は、再生水として利用できますし、下水や処理水が持っている熱（下水熱）を冷暖房や道路の融雪などのエネルギー源としても活用できます。特に、汚泥は大変有益な資源になります。

汚泥の源は活性汚泥でしたね。そして、活性汚泥は微生物の集まりです。これまでに話した通り、これは有機物の塊、バイオマスなのです。汚泥にはさまざまな有益な物質が含まれており、いろいろな資源を取り出して利活用することができます。つまり、汚泥は「宝の山」なのです。

写真９　汚泥からつくったカフス、ネクタイピン、花瓶
（提供：東京都下水道局）

埋め立て処分場の確保が懸念され始めた昭和50年頃から汚泥の利活用に向けて、さまざまな研究が本格的に行われました。私は昭和55年に汚泥研究室に配属されましたが、その時の研究テーマの一つが汚泥の利活用でした。汚泥を埋め立て材やコンクリート骨材として利用できないかを研究していました。

その頃、東京都は、汚泥から花瓶やカフス、ネクタイピンなど（写真9）をつくっていました。素敵な品々でしたが、これらの品物をプレゼントされた方々は、必ずといっていいほど、ついついその品物のにおいを嗅いでいました。汚泥を焼いて、溶かしてつくっているのですから、においがするはずはないのですが……。

その後、下水道事業でも循環型社会の構築や地球温暖化防止へ貢献すべく、処理水や汚泥の利活用が進められました。そして、なお一層の促進を図るために、平成27年の下水道法改正で、汚泥を燃料や肥料として再生利用する規定が努力義務として定められました。

では、どのような利活用の方法があるか簡単に紹介しましょう。

◆エネルギー源としての利活用

汚泥から生み出した消化ガスで発電ができることは、消化工程の説明の中でお話しました。

神戸市では、消化ガスを「こうべバイオガス」と名付けて自動車の燃料や都市ガスの一部として利用しています。また、福岡市では、水素社会を先取りして、中部水処理センターで消化ガスか

写真10　水素ステーション（福岡市）

ら水素を製造しています（写真10）。この処理場で1日に製造される水素量で約65台の燃料電池自動車をフル充電できるそうです。

さらに、黒部市をはじめ全国20ヵ所以上の処理場で、汚泥を乾燥や炭化して固形燃料化する施設が稼働しています。この固形燃料は、発電所などで利用されています。

〈カーボンニュートラルへの貢献〉

令和2（2020）年10月に、菅義偉総理（当時）が2050年までに温室効果ガスの排出量を実質ゼロ（カーボンニュートラル）にすることを宣言しました。

さて、全国の処理場では、年間約74億kWh（日本の総発電量の約0.7％）の電力を消費し、その結果、温室効果ガスを約643万t-CO_2（全国の排出量の約0.5％）排出しています。

このように膨大なエネルギーを消費し、温室効果ガスを排出している下水道事業においても、政府が掲げた目標の達成に貢献するために温室効果ガスを削減しなければなりません。そのためには、処理場の省エネ化を進めるとともに、汚泥からエネルギーを生み出し、利用することが必要です。

ちなみに、現在、汚泥は1年間に約230万t（乾燥ベース）発生しており、この汚泥全量から、計算上は、約110万世帯の年間電力消費量に相当する約40億kWhの電気を生み出すことが可能です。かなりの発電量になりますね。

また、下水や処理水が持っている熱（下水熱）も冷暖房などのエネルギー源として利用できると紹介しましたが、年間約155億㎥発生する処理水が持っている熱量は、約90万世帯が1年間に使用する冷暖房の熱源に相当するそうです。

〈処理場のエネルギー自立化〉

さらに一歩進めて、処理場で消費する全ての電力を自ら賄うこと（エネルギーの自立化）ができれば、処理場から発生する温室効果ガスをゼロにすることができます。素晴らしいことだと思いませんか。

夢物語のような気がするかもしれませんが、既にその取組みが始められています。現在実用化されている最新の省エネタイプの機器類を使い、また最新の汚水処理制御技術を導入して省エネ化すれば、処理場で使用する電力は約半分で済むそうです。そして、汚泥から得られる消化ガスで発電（創エネ）すれば、処理場で必要とする電力量の約40％程度は生み出すことができます。

つまり、省エネにより処理場で消費する電力が約50％となり、そこに創エネで約40％の電力を供給することができますから、残り10％の電力を、例えば処理場内で太陽光発電により生み出すことができれば、処理場のエネルギー自立化も夢ではなさそうです。

一味違うぞ！汚泥肥料

ここでは、汚泥を活用して作物を生産するお話をしましょう。

◆ＢＩＳＴＲＯ下水道

皆さん、「ＢＩＳＴＲＯ（ビストロ）下水道」という言葉を聞いたことがありますか？

下水道はさまざまな資源（処理水、汚泥、下水熱、焼却炉から発生するCO_2）を生み出しています。そして、これらの資源を米や野菜・果物の栽培、アユの養殖、豚の飼育などの食材の生産に利活用することができます。

国と（公社）日本下水道協会は、これらの下水道資源の農業利用への取組みを「ＢＩＳＴＲＯ下水道」と称して、地方公共団体や大学、民間企業と協力して推進しています。「ＢＩＳＴＲＯ下水道」、なかなか良いネーミングですね。

さて、ここでは、さまざまな下水道資源の中から、汚泥肥料を取り上げてお話しします。

◆肥料としての利活用

人は生きていくために、野菜や果物などの作物を食べますね。そして、必ずトイレのお世話になります。そのトイレなどから排出される下水を処理した際に発生するのが汚泥です。その汚泥を肥料にして、その肥料で栽培した作物を人がまた食べて……と汚泥を循環させて利用するのが一番自然で、エコな利用方法ではないかと思います。

特に、汚泥は、いろいろな有機質肥料（牛ふん堆肥、バーク〈樹木の皮〉堆肥等）に比べ、窒素やリンの含有率が圧倒的に多く、かつ各種微量ミネラルやビタミン類も豊富です。そのため、汚泥からつくられる肥料は、有機質肥料として非常に有益です。

〈汚泥肥料の作り方〉

汚泥肥料（「コンポスト」ともいいます）のつくり方はさまざまですが、原料となる汚泥に副資材（バークなど）を加えて発酵させてつくります。この汚泥を積み上げて、下から空気を送ると自然に発酵を始めます。この汚泥をショベルカーで時々切り返して混ぜます（写真11）。すると、1カ月程度で完熟した汚泥肥料が出来上がります。

汚泥肥料は衛生的で安全なのか気になると思いますが、発酵すると汚泥の温度が65度以上（100度以上になることもあります）になり、汚泥中に雑菌や雑草の種子などが含まれていたとし

写真 11　汚泥肥料の製造（提供：佐賀市）

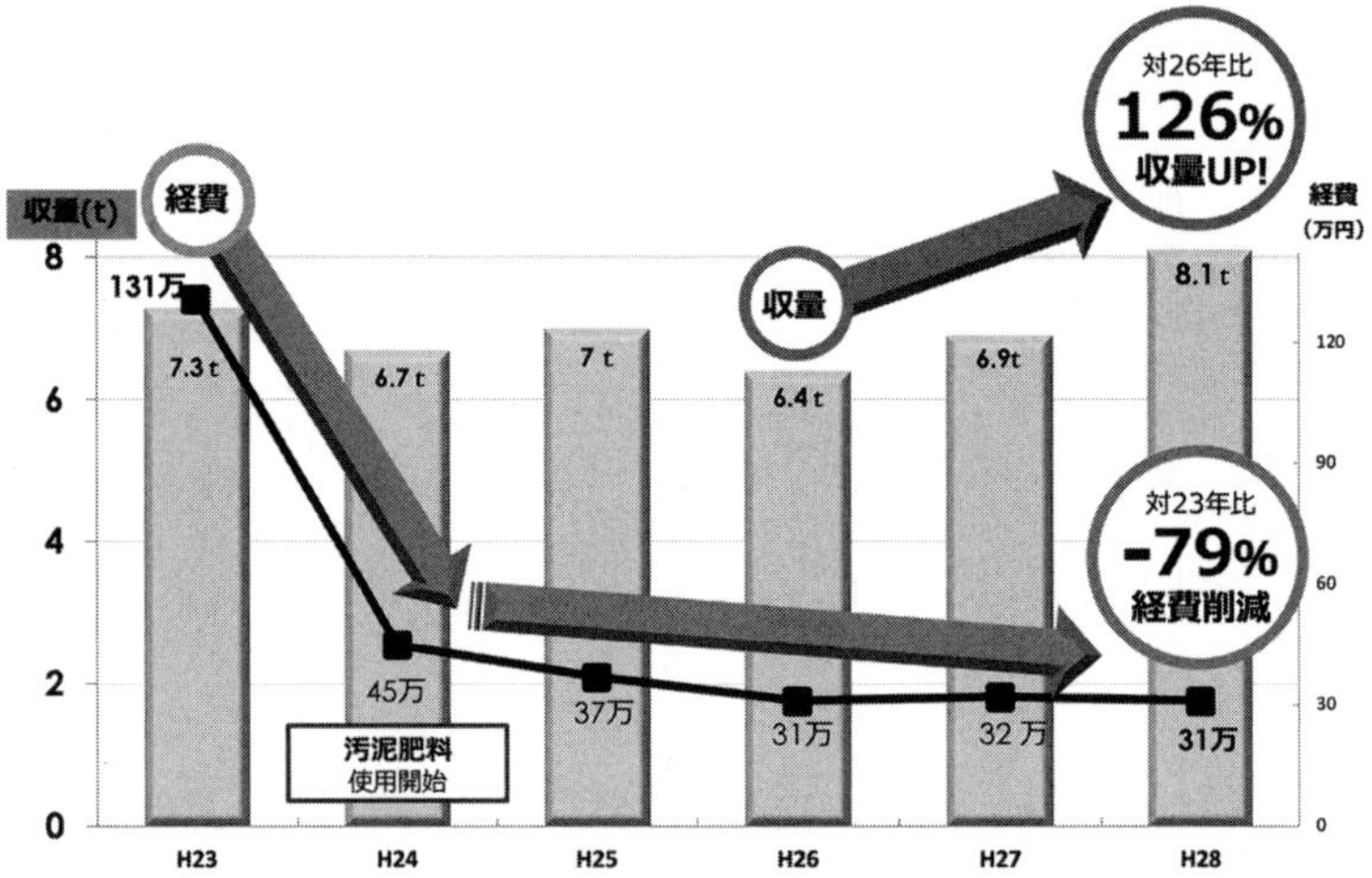

図 31　アスパラガスの収穫と経費（29a 当たり※人件費を除く）
（提供：NPO 法人　循環型 環境・農業の会）

ても死滅または不活性化します。

また、重金属が含まれているのではないかとも懸念されますが、汚泥肥料は、肥料取締法で定められた基準値を満足しているので、衛生的で安全な肥料です。なお、原料である汚泥そのものに含まれる重金属も、水処理技術の向上や工場排水の規制によりかなり少なくなっており、汚泥の安全性も高まっています。

現在、全国で汚泥肥料をつくっている地方公共団体は約30県市町村あります。佐賀市を例にとると、市で製造している汚泥肥料を使うことで、作物の収穫量が増え、その質も向上して一味違う作物が得られるため、その商品価値が上がりました。

また、同時に土壌が元気になって農薬の使用量も減り、経費が大幅に削減されました（図31）。このため、汚泥肥料を使用している佐賀市の農家の方々に評判がよく大変喜ばれています。また、市民の家庭菜園にも利用されていて大好評だそうです。

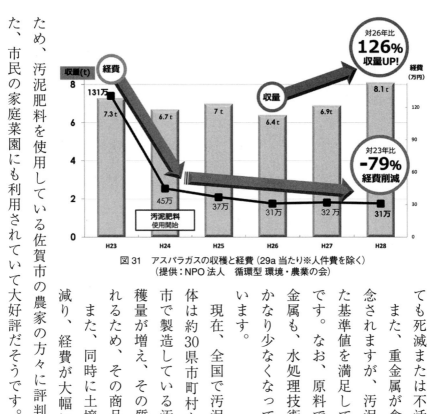

なお、汚泥肥料など下水道資源を活用して育てた食材は、「じゅんかん育ち」という愛称で呼ばれています。平成29年４月に開催された「ＢＩＳＴＲＯ下水道ブランドネームコンテスト」で、全国からの応募総数８３３点の中から「じゅんかん育ち」が選ばれました。今後、「じゅんかん育ち」の食材が全国に出回ってくれることを願っています。

このほかに、焼却灰はセメント原料、埋め戻し材や土質改良材として、また、汚泥を高温で溶かして固めたもの（溶融スラグ）はコンクリート骨材や埋め戻し材などの建設資材としても利用されています（写真12）。

新たな技術開発により、今後も貴重な資源として、ますます汚泥の利活用が進んでいくことでしょう。

溶融スラグ（提供：大阪市建設局）

下水汚泥燃料
（提供：月島機械株式会社）

下水汚泥肥料
（提供：瑞穂市）

写真12　埋め戻し材としても利用

下水道とお金

Step.5

概要編

さて、初めの一歩も最後のＳｔｅｐになりました。最後のＳｔｅｐは、下水道の建設と維持管理の財源のお話です。

ここから、建設と維持管理の財源について、なるべく簡潔に説明しようと思いますが、それぞれの財源の仕組みは非常に複雑なので、このＳｔｅｐ５では、「概要編」と「詳細編」の２部構成にしました。

簡単に概要だけを知りたい方は、この「概要編」を、もう少し詳しく知りたい方は、１６２ページからの「詳細編」をお読みください。

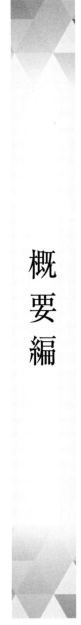

下水道事業の財源は、「建設改良費」と「管理運営費」で構成されています。

表２を見てください。「建設改良費」とは、新増設または改築に係る費用です。その財源は、国から交付される「国費」、地方公共団体が負担する「地方負担額」、そして、下水道を利用する住民から徴収する「受益者負担金」などから構成されています。

また、「管理運営費」とは、日常の維持管理に必要な経費と建設時に地方公共団体が借り

種類	建設改良費 （新増設、改築）	管理運営費	
		資本費（元利償還金）	維持管理費
公共下水道	国費：交付金、補助金 地方負担額：地方債（下水道事業債） 受益者負担金（または分担金） その他：都道府県補助金など	下水道使用料（汚水分） 一般会計繰出金 （雨水分、高度処理経費など） ※元利償還金：交付税措置	下水道使用料（汚水分） 一般会計繰出金 （雨水分、高度処理経費など）

表２　公共下水道事業の財源構成

た費用の返済に必要な経費です。

では、その内容を「建設改良費」と「管理運営費」に分けて、簡潔に説明しましょう。

◆建設の財源「建設改良費」

「国費」は国から交付されるお金です。必要な建設改良費の全てを補助してくれるわけではありません。どの程度の補助をするかが決められています。この補助する割合を「補助率」といいますが、管渠《きょ》では、2分の1、処理場では、低率と高率の2種類の補助率があって、公共下水道では、それぞれ2分の1と10分の5.5、流域下水道では、2分の1と3分の2となっています。

また、下水道の全ての施設が補助の対象となるわけではありません。処理場は、「門、さく、へい」を除く全ての施設が補助の対象となります。「門、さく、へい」は、下水の処理に必要としない施設なので補助の対象外になっています。

管渠は、複雑です。詳しくは、詳細編で説明しますが、補助対象となる管渠は合流式か分流式か（分流式はさらに汚水管と雨水管別に）、また、地方公共団体が「指定都市」か「一般市」か「町村」か「過疎市町村」かによって、さらにそれぞれの都市の人口規模によって、補助の対象となる管渠が異なっています。

そして、国費以外の費用は、「受益者負担金」を除いて、地方公共団体が負担します。これを「地方負担額」といいますが、この地方公共団体が負担する費用は、ほとんどが「下水道事業債」と呼ばれる債券を発行して賄います。つまり、借金するということです。下水道の建設に当たっては、多額の費用を短期間に必要とします。現金で賄える額ではないため、借金をするのです。

◆維持管理と借金返済の財源「管理運営費」

下水道を稼働させ、維持管理をするには日々お金がかかります。この「維持管理費」は、下水道を使用している住民から使用料として徴収します。しかし、下水道の役割の一つである雨水の排除に係る維持管理費は、住民から徴収するのは難しいということで、地方公共団体が負担します。

また、借金を返済しなければなりません。この返済金も使用料と地方公共団体の一般会計予算、つまり税金（地方税）で賄っています。なお、借金の返済に対しては、「交付税措置」という国による財政支援制度があります。

詳細編
～下水道事業の財源構成～

何をするにもお金が必要

下水道を建設し、維持管理をするには「お金」が必要です。下水道事業を実施するのは地方公共団体であるため、建設や維持管理の費用は地方公共団体が用立てることになります。しかし、下水道はわが国における必須の社会資本であり、多額の費用を必要とするため、地方公共団体だけに負担をかけるわけにはいきません。

では、どのような理念に基づいて、誰が、どれほど、どのような方法で負担すればよいのでしょうか。

現在の負担の仕組みが出来上がるまでには、長年にわたり下水道財政のあり方について議論されてきた歴史があります。本格的な議論は、昭和35年に発足した「第1次下水道財政研究委員会」において始められました。その後、下水道に対する時代の要請や国・地方公共団体の財政事情などを勘案して議論が積み重ねられ、現在の仕組みが出来上がってきました。非常に面白い変遷の歴史があるのですが、紙幅の都合でお話しできないのが残念です。

種類	建設改良費（新増設、改築）	管理運営費	
		資本費（元利償還金）	維持管理費
公共下水道	国費：交付金、補助金 地方負担額：地方債（下水道事業債） 受益者負担金（または分担金） その他：都道府県補助金など	下水道使用料（汚水分） 一般会計繰出金 （雨水分、高度処理経費など） ※元利償還金：交付税措置	下水道使用料（汚水分） 一般会計繰出金 （雨水分、高度処理経費など）

表3　公共下水道事業の財源構成

下水道事業の財源は、「建設改良費」と「管理運営費」で構成されています。

表3を見てください。「建設改良費」とは、新増設または改築に係る費用です。その財源は、「国費」（国から交付される費用）、「地方負担額」（地方公共団体が負担する費用。ほとんどが「下水道事業債」と呼ばれる債券を発行します。つまり、借金をして賄います）、「受益者負担金」などから構成されています。

また、「管理運営費」とは、維持管理費と借金（「資本費」あるいは「元利償還金」といいます）を返済するために必要な費用です。これらの費用については、使用料と地方公共団体の予算（一般会計繰出金）などで賄います。

ここで、下水道事業の財源についてお話しする前に、少し理念的な話になりますが、読者の皆さんにぜひ知っておいてほしい「費用負担の基本原則」についてお話しします。

◆費用負担の基本原則：汚水私費・雨水公費

下水道事業を実施するには、必要となる費用を「誰」が負担すべきなのか、定めなければなりませんね。そして、「誰か」を検討する際には、基本となる理念が必要になります。

理念は、次のように考えるのが論理的です。その考え方は、個人に便益がある施設整備などに使われる費用は使用者が、利益を受ける者の範囲が不明瞭、つまり、広く一般国民が便益を受ける場合は、公の者がその費用を賄うというものです。

既にお話ししましたが、「汚水の処理と排除」と「雨水排除」による下水道の効用には、生活環境の改善、公衆衛生の向上、公共用水域の水質の保全などがありましたね。そこで、これらの効用により便益を受ける者を判断して、負担する者を決めることになります。

まず、「汚水の処理と排除」について、考えてみましょう。このことにより、各家庭で水洗トイレが使えるようになり、また、生活排水が速やかに排除されることで生活環境が快適になりますから、便益を受けるのは個人であることは明らかです。したがって、かかった費用は、個人が負担（私費）すべきでしょう。

一方で、公衆衛生の確保や都市の健全な発達、公共用水域の水質保全の効用については、大勢の住民（不特定多数の者）が享受しますから、公の者が負担（公費）するのが合理的でしょう。このように、「汚水の処理と排除」には「私費」と「公費」の部分がありそうです。

次に、「雨水の排除」では、どうでしょうか。こちらは、広範囲にわたり不特定多数の住民を浸水被害から守りますから、「公費」による負担が適当であろうと考えられます。しかし、浸水被害がなくなることにより個人が所有する土地の価値が上がることもあり、特定の者に利益があるので「私費」による負担部分もあると思われます。

このように、「汚水の排除・処理」と「雨水排除」ともに、「私費」と「公費」による負担部分があると考えられます。

誰が、どれほど負担するかを決めようとすると、汚水と雨水それぞれに関して「私費」と「公費」負担分を区分して計算しなければなりませんが、その仕分けはなかなか厄介です。そこで、汚水の「公費」と雨水の「私費」については、お互いにほぼ同額であるとして相殺し、汚水は「私費」、雨水は「公費」とすることにしたのです。この原則を「汚水私費、雨水公費」と呼んでいます。

この原則は、「建設改良費」と「管理運営費」の費用の財源を「私費」とするか、「公費」とするかを定める際に用いられています。

では、次に「建設改良費」と「管理運営費」の財源構成が、どのような考え方で決められているか、公共下水道を例に説明しましょう。

◆建設改良費の財源構成

まずは、「建設改良費」についてです。

この費用については、「汚水私費、雨水公費」の原則はあるものの、河川や道路と同様に基幹的な公共施設であることから、原則として汚水分も雨水分も公費で負担することになっています。

公費による負担ということですが、事業主体である地方公共団体だけの負担とはせず、一定の割合で国の費用（国費）で負担するという考えになっています。そこで、下水道法第三四条において、「国は、（中略）その設置又は改築に要する費用の一部を補助することができる」と定められています。

また、地方公共団体が負担する費用（地方負担額）については、一時期に多額の費用を必要としますから、地方債（下水道事業債）を発行して、つまり、借金をして賄う仕組みを活用しています。このほかに、都道府県からの補助金などもあります。

このように、「建設改良費」は公費で賄われることになっていますが、下水道が整備された地域は速やかに汚水が排除され、住みやすい環境となるため、個人の所有している土地の資産価値が増加し、個人に利益が生じます。したがって、「汚水私費」の原則により、受益者である個人が負担する仕組み（受益者負担金制度）が取り入れられています。

◆管理運営費の財源構成

次に、「管理運営費」の財源構成です。

施設が出来上がると、その施設の管理運営を行うことになります。ここで必要となる費用である「管理運営費」には、施設の維持管理に係る費用と建設時の借金の返済に必要な費用（資本費、元利償還金ともいいます）があります。

原則として、「管理運営費」のうち、汚水に係る費用は私費とし、下水道の使用者から使用料を徴収します。また、雨水に係る費用は公費とし、地方公共団体が一般会計予算（「一般会計繰出金」といいます）、つまり税金（地方税）で賄います。

詳細編

～建設改良費と管理運営費～

交付要件は実にさまざま

［建設改良費］

ここからは、「建設改良費」の財源構成とその仕組みについて少し詳しくお話しします。

これまでに説明したように、この費用の財源は、国からの財政支援（国費）と地方公共団体の負担分（地方負担額）、受益者負担金などで賄われます。

国が負担する費用（国費）は、国が定めた交付対象となる施設の建設改良（新増設および改築）の費用に対して一定の割合で充当されます。その残りの費用は、地方公共団体が負担することになります。この地方負担額は、通常「下水道事業債」という地方債を発行して賄います。これは、借金ですので後日返済しなければなりません。また、受益者負担金は、下水道事業により著しい利益を受ける者から徴収します。

図32に一例として、公共下水道の管渠の財源構成を掲載しました。国費、地方負担額、受益者負担による財源構成が分かっていただけると思います。

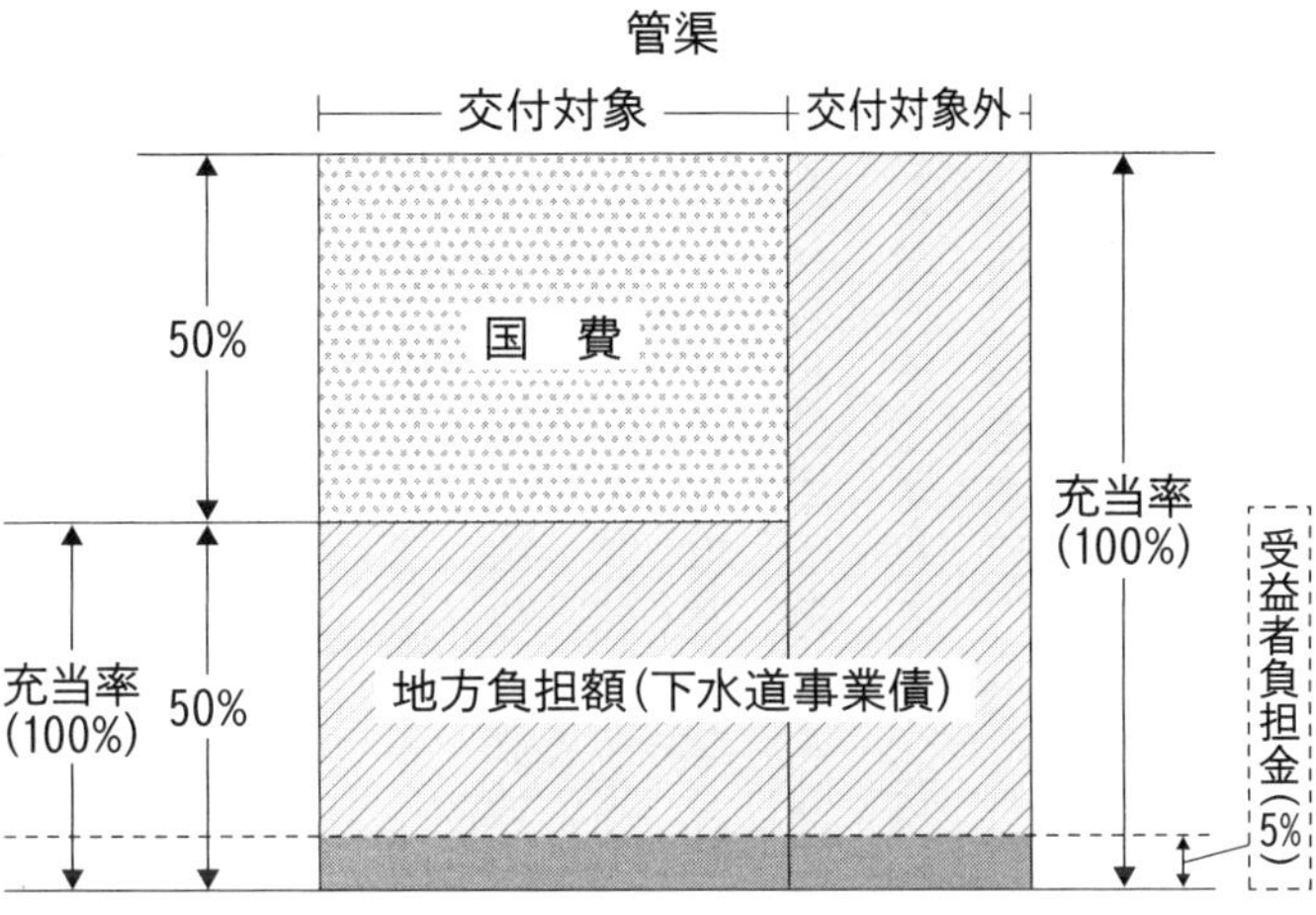

図 32　公共下水道（管渠）の財源構成

では、まず、国からの財政支援（国費）について、その交付の仕組みなどを説明しましょう。

◆国からの財政支援：国費（交付金・補助金）

従来、社会資本整備事業に対する国の財政支援制度は、下水道事業や道路事業、河川事業など事業ごとに個別に交付される「個別補助金（補助金）制度」でした。

しかし、平成22年度、「補助金制度」は原則廃止されて、「社会資本整備総合交付金（社交金）制度」が創設されました。この制度は、地方公共団体が策定する「社会資本総合整備計画」に位置付けられた各種事業を対象に、一括して国費が交付されるものです。つまり、どの事業に国費を充当するかを地方公共団体が自由に決めることができるということです。

また、「社交金制度」が対象とする事業の内容は、従来の「補助金制度」で対象となっていた事業（社交金では「基幹事業」といいます）以外にも拡充されました。拡充された事業には、「基幹事業に関連する社会資本の整備事業（関連社会資本整備事業）」と「基幹事業の効果を一層高めるソフト事業も含めた幅広い事業（効果促進事業）」があります。

さらに、平成24年度補正予算より、国土強靭化を促進するため、「防災・安全交付金制度」が創設されました。一方、平成26年度には、「補助金制度」が復活し、令和元年度には、浸水対策を支援するための「補助金制度」が創設されています。

ここから、「社交金制度」の基幹事業を例に、国費の交付制度の概要を説明します。

〈交付対象事業〉

全ての公共下水道事業や流域下水道事業が社交金の交付対象となるわけではありません。それぞれの下水道事業に対して「地域や規模等」の要件が定められています。

また、交付対象の事業となっても、その事業で整備する「全ての施設」に対して「全額」が交付されるわけではありません。下水道事業（公共下水道、流域下水道）ごとに、処理場と管渠に分けて、それぞれ交付の対象となる施設と、どの程度交付するかの割合（補助率）が決められています。

公共下水道と流域下水道を例に、国費の交付対象となる施設について説明しましょう。

〈交付対象施設〉

処理場は、簡単です。処理場の「門、さく、へい」を除く全ての施設が対象となります。「門、さく、へい」が交付の対象外になっているのは、下水の処理に直接必要としない施設だからです。

次に、管渠です。

流域下水道の管渠については、交付要件が決められていますが、ほぼ全て交付対象になると思っていただいていいと思います。一方、公共下水道の管渠は複雑です。全ての管渠が交付対象となるわけではなく、ある程度大きな管渠（「主要な管渠」といいます）が交付対象となります。

この「主要な管渠」は、合流式と分流式別に、かつ、分流式は汚水管と雨水管別に、そして、さらに都市別（指定都市、一般市、町村、過疎市町村）に、交付要件が細かく定められています。

さらに、令和３年度に「主要な管渠」の分類が改正され、「合流式」と「分流式汚水」の管渠について、「改築」する場合と「改築以外」の場合とに大別されることになりました。なお、「分流式雨水」の管渠には適用されていません。

ここでは、「分流式」の「汚水管」の「改築」の場合を例に、都市の分類方法と分類された都市ごとに定められている交付要件について説明しましょう。

まず、指定都市と一般市は、都市の人口規模により、指定都市で2分類（甲、乙）、一般都市で3分類（甲、乙、丙）に区分されています。例えば、一般市（甲）は人口20万人以上、一般市（乙）は人口5万人以上20万人未満、一般市（丙）は人口5万人未満の一般市と定められています。町村は、人口規模による区分はなく1分類となっています。

なお、過疎市町村については別途定められています。そして、一般市と町村については、各人口規模による分類ごとにさらに3分類（一種、二種、三種）に分けられています。

つまり、指定都市は2分類、一般市は3（甲、乙、丙）×3（一種、二種、三種）の9分類、町村は1×3（一種、二種、三種）の3分類、過疎市町村1分類の計15に分類されています。

これに加えて、「改築以外」の場合も同様の分類方法で別途定められていますから、「分流式」の「汚水管」については、全部で30（15×2）に分類されています。

表4、5に「改築」の場合の「指定都市（甲）」と「一般市（甲）第一種」に適応される基準（「告示別表」と呼びます）を載せておきました。

予定処理区域の面積 (ha)	口　径 (mm)	下水排除量 (㎥／日)
50 未満	300 以上	250 以上
50 以上　100 未満	300 以上	300 以上
100 以上　250 未満	300 以上	400 以上
250 以上　500 未満	350 以上	600 以上
500 以上　1000 未満	350 以上	1200 以上
1000 以上　2000 未満	350 以上	2400 以上
2000 以上　3000 未満	400 以上	3200 以上
3000 以上	450 以上	4000 以上

表4　主要な管渠：指定都市（甲）〈改築〉

予定処理区域の面積 (ha)	口　径 (mm)	下水排除量 (㎥／日)
50 未満	300 以上	20 以上
50 以上　100 未満	300 以上	25 以上
100 以上	300 以上	30 以上

表5　主要な管渠：一般市（甲）第一種〈改築〉

この表をご覧いただくと分かると思いますが、さらに別の要件が定められていて、「予定処理区域の面積」に応じて、管渠の「口径」または「下水排除量」のどちらかの値を満足する管渠が交付の対象となります。なお、「分流式」の「雨水管」では5分類、「合流式」では8分類となっています。

このようにかなり複雑な分類になっていますから、整備しようとする管渠が「主要な管渠」であるかどうかを判断する場合には、十分注意して確認する必要があります。さらに、主要な管渠を補完するポンプ施設や、取付け管、マンホールなども交付対象になります。

〈補助率〉

補助率とは、交付対象となる施設に対して、国費をどの程度交付するか、その割合のことです。

補助率も時代に応じて変化してきていますが、平成5年度に補助率の恒久化が図られ、下水道の種類ごとに、かつ、処理場と管渠に分けて、次のような率で定められています。

まず、処理場については、「高率」と「低率」の2種類の補助率があります。低率の補助率は、処理場の用地取得や管理棟などに要する費用に適用されます。それ以外の処理場の施設、つまり、汚水処理や汚泥処理に欠かせない施設に要する費用は高率となります。具体的な補助率は、公共下水道で、低率2分の1、高率10分の5.5です。また、流域下水道では、低率２分の１、高率３分の２となっています。管渠については、公共下水道も流域下水道も２分の１です。

◆地方公共団体の負担分：地方負担額

交付金・補助金で賄えない費用については、地方公共団体の負担（地方負担額）になります。これまでにお話ししたように、地方債（下水道事業債）を発行して費用を借り入れることができます。

なお、どの程度借金をすることが許されるかの基準（起債の充当率）が公共事業ごとに決められていますが、下水道事業では、１００％借り入れることができます。当然ですが、これは借金ですので、返済する必要があります。

補足ですが、図33の交付対象部分を「補助対象事業費」、交付対象外の部分を「地方単独事業費」、両方の合計を「総事業費」といいます。また、下水道

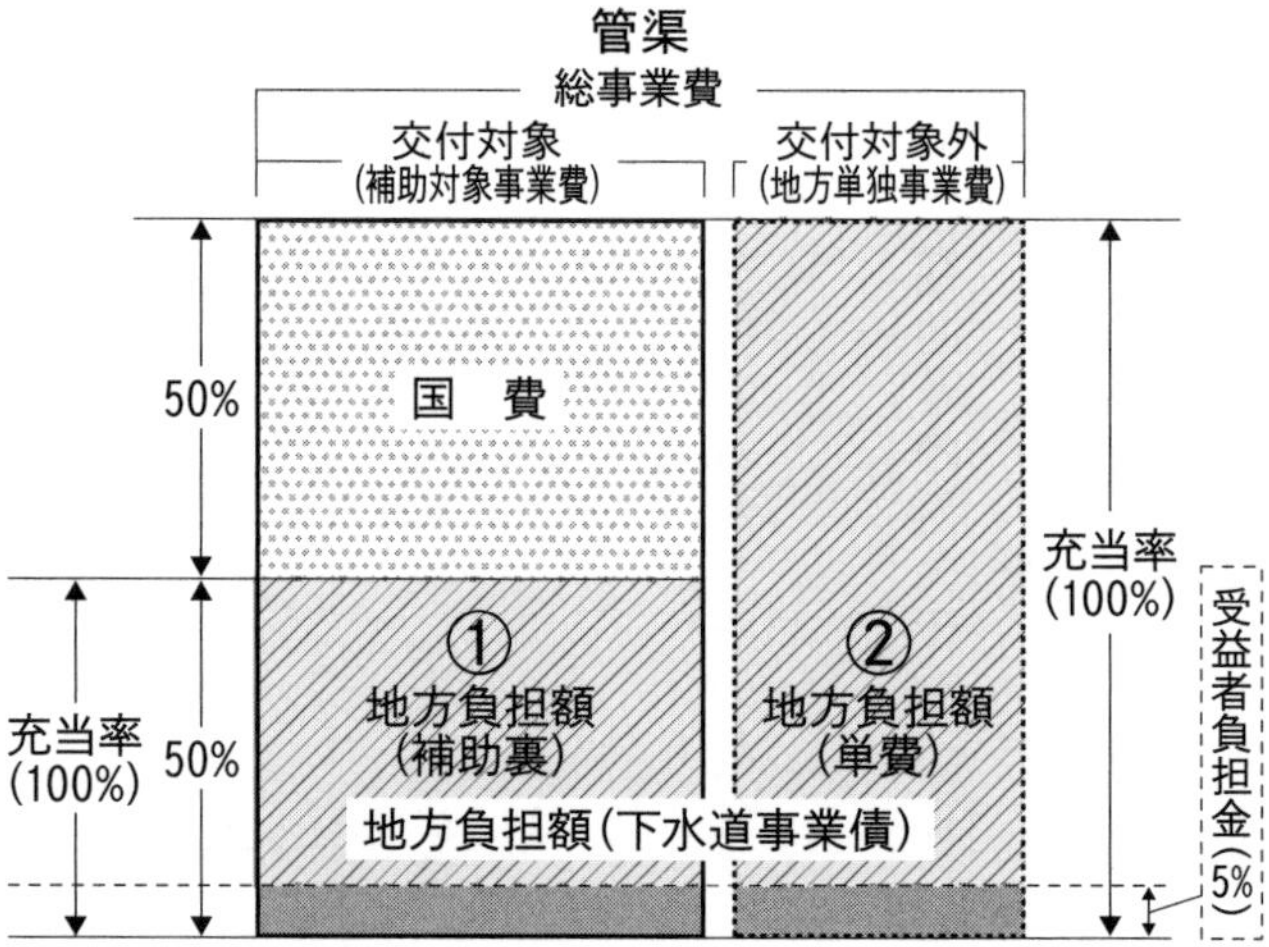

図33　公共下水道（管渠）の財源構成

事業に携わっている国や地方公共団体の職員の間では、地方負担額のうち、図33の①の部分を「補助裏」、②の部分を「単費（単独費）」と呼ぶことがあります。

管理運営費	
資本費（元利償還金）	維持管理費
下水道使用料（汚水分） 一般会計繰出金 （雨水分、高度処理経費など） ※元利償還金：交付税措置	下水道使用料（汚水分） 一般会計繰出金 （雨水分、高度処理経費など）

表６　公共下水道事業の財源構成

◆受益者負担金

受益者負担金は、下水道事業により著しく利益を受ける者に対して事業費の一部を負担してもらおうというものです。都市計画法第七五条や地方自治法第二二四条（「分担金」といいます）に基づき、地方公共団体が条例を定めて徴収しています。事業費の３分の１ないし５分の１を負担金の総額と条例で定めて徴収している地方公共団体が一般化しつつあります。

［建設改良費］

最後に、「管理運営費」についてお話しします。表６（表３から管理運営費を抜きだしたもの）、図33を参考にしながらお読みください。管理運営費には、「維持管理費」と「資本費（元利償還金）」があります。これらの費用についても「汚水私費、雨水公費」の原則に基づき、負担する者が決まります。

◆維持管理費

雨水に係る費用は、公費として賄います。汚水については、公費で負担すべき部分を除き、私費、つまり使用料を徴収して維持管理の費用に充てます。汚水に関して公費で負担すべき費用としては、細かい基準がありますが、例えば公共用水域の水質保全に必要とされる高度処理に要する経費などが対象となっています。公費は、地方公共団体の一般会計から支出（一般会計繰出金）されます。

◆資本費（元利償還金）

返済しなければならない借金（元利償還金）に対して、国による財政支援制度として、「交付税措置」制度があります。これは、地方公共団体が行う行政サービスの財源を保障する制度で、元利償還金の一部分が地方交付税として補填されます。

地方交付税として補填される対象は、公費の部分が対象となります。元利償還金のうち公費となる額の割合は、「汚水私費、雨水公費」の原則により、元利償還金における雨水分と、汚水分のうち「公費」としてみなす額の割合を合算して求めます。

その割合について、公共下水道を例に、具体的に説明しましょう。図34を参照してください。その割合は、合流式下水道と分流式下水道で別に設定されています。そして分流式下水道の場合は、対象となる都市の処理区域内の人口密度で５分類して定められています。

　割合の算出方法ですが、合流式下水道では、雨水（公費）分は６割とし、そのうちの７割、つまり42％が地方交付税の対象となります。

　分流式下水道については、雨水分を１割と定め、汚水分については、図34のように、例えば、人口密度が25人／ha未満の都市では、６割が公費分と定めています。したがって、この都市では、（１割＋６割）の７割が公費分となり、その７割（0.7×0.7）の49％が地方交付税措置の対象となります。

　以上、下水道の建設と維持管理に係る財源などについて概略をお話ししました。少しはご理解いただけたでしょうか。

　一朝一夕に全てを理解することは難しいと思いますが、経験を積みながら財源に関する知識を身に着けてくださいね。

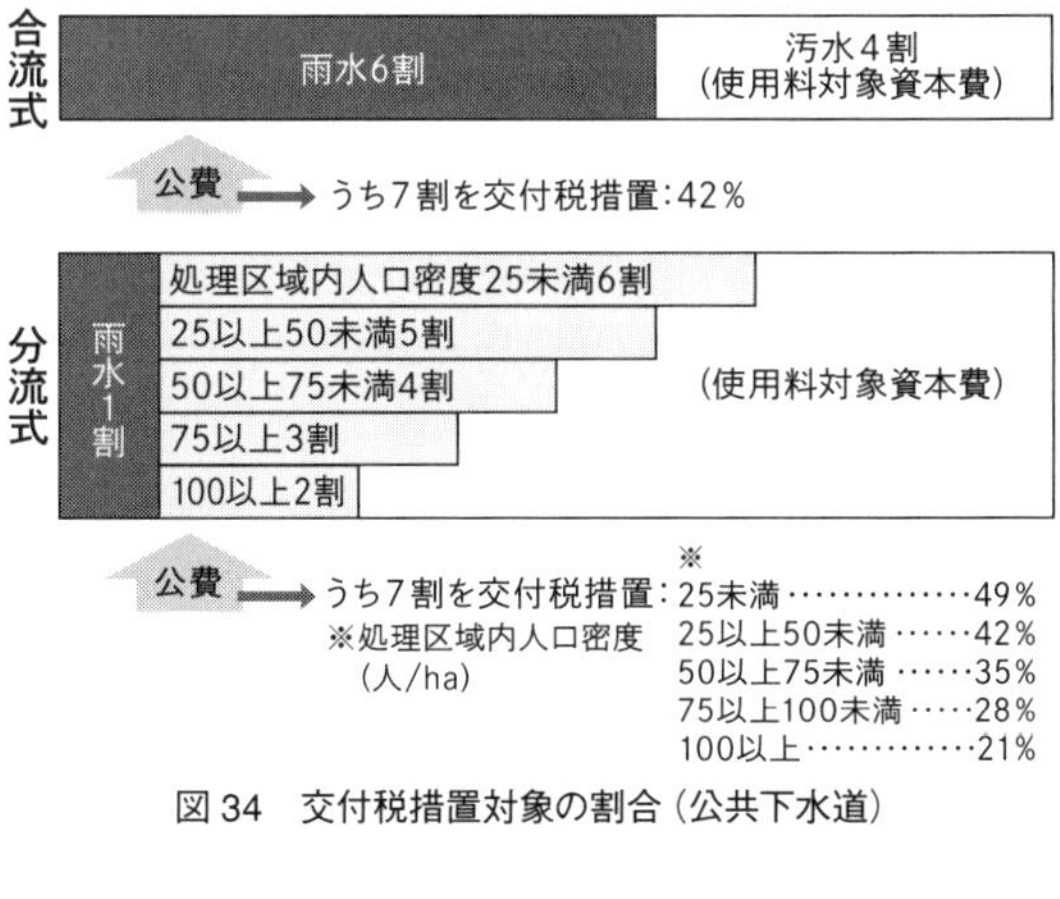

図34　交付税措置対象の割合（公共下水道）

おわりに

Step.∞

はじめの一歩を踏み出そう！

さあ、これからが本番です

『下水道はじめの一歩』、いかがでしたか。

下水道とは何か？下水道の役割と歴史、財源を含めたその仕組みのさわりについてお話しさせていただきましたが、下水道に興味を持っていただけましたか。

分かりにくい説明もあったかと思いますが、下水道事業に携わる方々や下水道に興味のある方々の「はじめの一歩」として、少しでもお役に立てたら幸いです。

下水道は、土木、建築、電機、機械、物理学、化学、生物学、水理学、そして、都市計画、経営、法律など多岐にわたる学問や知識を必要とする事業であり、人の生命と財産を守る、そして、水やリンなどさまざまな物質を循環させるなど、地球環境保全にも大いに役立っている重要なインフラであることを分かっていただけたのではないかと思います。

さて、今後の下水道事業はどうあるべきか。平成26年に国土交通省下水道部より、そのビジョンが提示されました。

その「新下水道ビジョン～『循環のみち』の持続と進化～」では、下水道の「成熟化」を基本コンセプトとして、「強靱な社会の構築に貢献（Resilient）」、「新たな価値の創造に貢献（Innovation）」、「循環型社会構築に貢献（Nexus）」、「国際社会に貢献（Global）」することにより、「持続的発展可能な社会の構築に貢献（Sustainable Development）」すること（ＲＩＮＧＳ：輪、循環を意味する）を使命として掲げ、「循環のみち下水道」の「持続」と「進化」を図っていこうと提言しています。

このビジョンに示された「持続」とは、施設の劣化対策としての維持・修繕や改築更新などの「アセットマネジメント」と、耐震化や雨水対策施設の整備などの「クライシスマネジメント」を的確に行うこと、また、国民の理解の促進とプレゼンスの向上を図ること、そして、下水道産業の活性化と多様化を進めることです。

また、「進化」とは、処理場において能動的に水量や水質を管理し、地域に望まれる水環境を創造すること、再生水、バイオマスである汚泥、リンなどの栄養塩類、下水熱などの利活用を図ること、ＩＣＴやＡＩなど最先端技術を活用して汚水や雨水の管理をスマート化させること、そして、ＳＤＧｓ（当時は「ＭＤＧｓ」）の達成に貢献し、世界の水と衛生、環境問題の解決に貢献することです。

端的に言えば、今後の下水道事業は、「これまでに幾多の困難を乗り越え、紆余曲折を経て営々とつくり上げてきた下水道システムをマネジメントすること」が重要な仕事となります。

これからが、下水道事業の本番です。

そのため、次の時代の担い手として、若い方々の活躍が期待されています。

さあ、『下水道はじめの一歩』で下水道に興味を持っていただいた方々、下水道ワールドへ「はじめの一歩」を踏み出してみませんか?

【追記】

下水道事業をさらに深く知りたい方は、『下水道施設計画・設計指針と解説』、『下水道維持管理指針』、『下水道法令要覧』、『下水道事業の手引き』(株式会社日本水道新聞社発刊)の冊子を手に取ってパラパラと眺めてください。

たくさんの事柄を習得する必要があることがお分かりになると思います。

はじめの一歩を踏み出そう！

著者紹介

岡久 宏史（おかひさ・ひろふみ）

昭和 31 年1月生まれ。徳島県出身。昭和 55 年3月東京大学大学院工学系研究科都市工学専攻修了。55 年4月建設省入省。建設省土木研究所下水道部汚泥研究室研究員、環境庁水質保全局水質管理課課長補佐、宮崎市都市整備部長、京都府土木建築部下水道課長、日本下水道事業団大阪支社技術次長、国土交通省北陸地方整備局道路部長、国交省都市・地域整備局下水道部下水道事業課長、同部下水道部長などを経て日本下水道協会理事長、東北大学特任教授を務める（令和 3 年 11 月 15 日現在）。

下水道はじめの一歩

令和3年11月15日発行

価格 1,980円（本体 1,800円+税10%）

著者：岡久 宏史

発行所：日本水道新聞社
〒102-0074
東京都千代田区九段南 4-8-9
TEL 03（3264）6724
FAX 03（3264）6725

印刷・製本 美巧社
落丁・乱丁はお取替えいたします。
ISBN978-4-930941-81-7 C1250 ￥1800E